미용사 메이크업
실기·필기

김미나 · 김은희 · 이길하 · 이미분 · 이아영 · 전연홍 · 정유림 공저

강/사/소/개 ☑

김미나
건국대학교 교육대학원 미용학과 석사
논문 「뷰티서비스 종사자가 지각하는 불량고객행동과 심리적 안녕감이 자기효능감에 미치는 영향」
수원여자대학교 메이크업학과 교수
오산대학교 뷰티코스메틱학과 교수
가온 뷰티 아카데미 학원 대표원장
가온 뷰티 살롱 소하점 대표원장
한국메이크업미용사회 중앙회 경기광명지부 회장
종합미용사 국가자격증
네일아트 국가자격증
네일아트 기술강사자격증
메이크업 국가자격증
메이크업 1급 기술강사자격증

김은희
미용 보건학 석사
교육학 학사
중·고등 정교사 자격
미용사(일반), 미용사(메이크업),
미용사(네일) 국가자격 보유
TV, 광고, 뮤직 비디오 작업 등 다수 진행

라뷰티코리아 서초점 메이크업 파트 원장
모제림 메이크업 파트 원장

이길하
서경대학교 대학원 미용예술학 박사과정
서경대 Air Brush&Body painting 강의
미술실기 교원 자격
컬러리스트 산업기사 강사
메이크업 1급 기술 강사
메이크업 국가자격증
두피모발 관리사 1급
네일 기술 자격 2급 보유

서울예술실용전문학교 뷰티예술학부 외래 교수
(사) 한국컬러유니버설 디자인협회 이사
(사) STYLE AGENCY 교육소장
한국미용예술 경영학회 이사
평창 동계올림픽 메이크업

이미분
건국대학교 산업대학원 향장학과 석사
CIDESCO(국제피부미용사협회) 국제피부관리사 자격 취득(파리)
차의과대학교 의학과 대학원 박사 과정 중

포렌테라 에스테스틱 원장
한국 화장품상담전문기협회 수석강사
한국 향장소재개발 연구소 연구원
TEK 한국 피부교육개발원 교육이사
재중 도후무역유한공사 총괄 교육이사

이아영
수원여자대학교 사회복지학과 학사
미용사 국가자격증, 메이크업 아티스트
자격 보유

무대 분장 전문가로 활동
– 〈나비 부인〉, 〈라트라비아타〉, 〈박쥐〉
– 〈카르멘〉, 〈마술 피리〉, 〈호두까기 인형〉
– 〈삼손과 데릴라〉, 〈루갈다〉
외 다수의 뮤지컬, 연극, 무용, 발레 공연 분장

전연홍
건국대학교 대학원 향장세포생물공학 박사
연성대학교 디자인학부/뷰티스타일리스트학과 외래교수
이미지 메이킹, 뷰티 디렉터, 뷰티 심리상담, 퍼스널 컬러리스트

(사) 국제뷰티크리에이티브협회 협회장
PERSONAL IDENTITY 연구소 소장

정유림
건국대학교 미용학과 학사, 뷰티디자인학 석사
건국대학교 예술디자인대학원 의류학과 박사 과정 중

미용사(피부), 미용사(메이크업) 국가자격 보유
속눈썹, 뷰티일러스트 3급, 두피관리사 2급, 방과후 아동지도사 2급, 템프로이드 타투, 스웨디시 마사지, 발 관리사, 헤나 문양디자인 관리사, 미용관광 관리사 자격 보유
정화예술대학교 뷰티네일전공 강사
송곡대학교 뷰티아트학과 강사

머리말
Introduction

〈미용사 메이크업 실기 필기〉는 주변 환경에 구애 받지 않고 스스로 자유롭게 메이크업 미용사 자격증을 취득하고자 노력하는 여러분을 위해 시작되었습니다. 실기 부분의 합격률이 높지 못하였던 그간의 통계를 통해 미용사 메이크업 자격 취득을 위해서는 두꺼운 책을 사고 고액의 학원 과정을 이수해야만 가능하다 여겨졌습니다. 그러나 시간과 비용, 공간의 제약이 너무 커 스스로 준비하고자 하였던 수험생들에게는 적합하지 않은 방식이라 할 수 있습니다.

이에 혼자서는 어떻게 시작해야 할지 엄두조차 나지 않았던 미용사 메이크업 자격증 취득 전 과정을 이 책 한권으로 완성할 수 있게 준비했습니다.

상세하고 정확한 시험 안내를 통해 스스로 계획을 짜고, 핵심만 추려 뽑은 이론으로 필기시험을 대비합니다. 준비물의 이름조차도 생소할 수 있는 실기시험 역시 가이드에 따라 쉽고 편리하게 준비, 실습, 반복 학습을 할 수 있습니다. 또한, 동영상을 시청하며 시뮬레이션하거나 직접 따라해 보고, 책을 통해 문제풀이와 해설을 차근히 이해한다면 언제든 원하는 시기에 합격할 수 있을 것입니다.

미용사 메이크업 자격증은 대학 입시나 취미 활동, 재취업이나 창업에 이르기까지 모두에게 꿈과 희망이 되는 것임에 어깨가 무겁지만 기쁜 마음으로 여러분의 합격을 기원하겠습니다.

저자 일동

메이크업 자격시험

시험안내

01 메이크업 미용사 자격시험

　　메이크업 미용사 자격시험은 메이크업에 관한 숙련 기능을 가지고 현장 업무를 수행할 수 있는 전문 기능 인력을 양성하기 위해 미용사 일반 자격 제도에서 전문 영역으로 발전시킨 국가 기술 자격입니다. 특정한 상황과 목적에 맞는 이미지와 캐릭터 창출을 위해 이미지 분석, 디자인, 메이크업, 뷰티 코디네이션, 후속 관리 등을 실행하여 얼굴·신체를 표현하는 업무를 수행한다고 이해할 수 있겠습니다. 10대 학생부터 80대 노인까지 폭넓게 관심을 표현하는 분야로, 글로벌한 K-beauty의 성장에 따라 4차 산업 혁명 시기에도 세계적으로 유망한 국가 자격입니다. 주요 진로 방향으로는 메이크업 아티스트, 메이크업 강사, 화장품 관련 회사 취업, 메이크업 관련 창업, 고등 기술학교 진학 등이 있습니다.

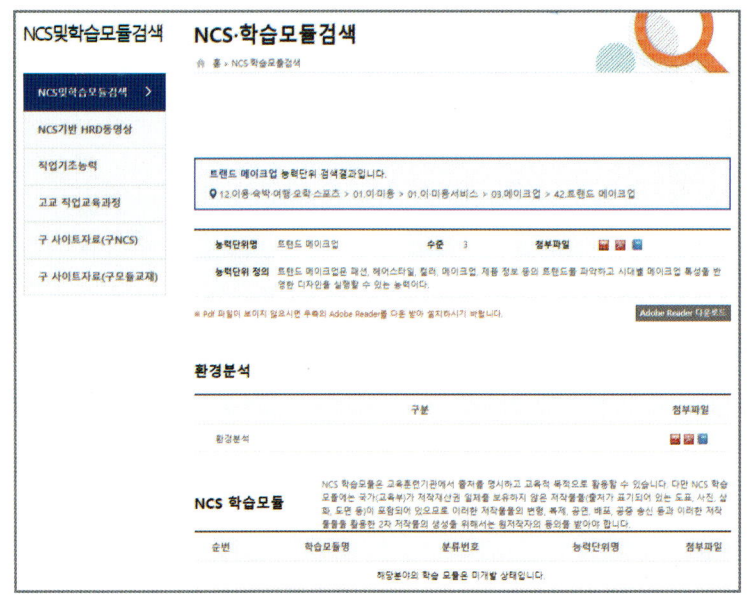

　　또한 과거 미용 분야가 특정 교육원이나 값비싼 수업료에서 시작하였다면 현재는 "NCS 학습 모듈"이 지속적으로 개발되고 있어 교육자와 학습자 모두 핵심 정보를 쉽고 빠르게 공유, 습득할 수 있게 되었습니다. 국가직무능력표준(NCS; National Competency Standards)은 산업 현장에서 직무 수행에 필요한 지식, 기술, 태도 등의 내용을 국가가 체계화한 것으로 보다 실제적이고 취업에 도움이 되는 실기 중심의 훈련 방법입니다. 수시로 국가직무능력표준(http://www.ncs.go.kr) 홈페이지를 방문하여 개발된 하위 학습 모듈을 참고한다면 자격증 준비나 그 후 빠르게 변화하는 뷰티 시장의 흐름을 파악할 수 있을 것입니다.

　　필기시험의 합격률은 약 44.8%이고, 실기 합격률은 약 34.4%로 한 번에 합격하기에는 어려운 면이 있으니 꼼꼼한 실습이 필요합니다.

02 메이크업 미용사 자격 취득

◆ **자격시험**
- 1차 필기시험(객관식 4지 택일형, CBT 방식)
- 2차 실기시험(메이크업 미용 실무, 작업형)

◆ **응시료** : 필기시험 14,500원 / 실기시험 17,200원

◆ **합격 기준** : 100점 만점에 전 과목 평균 60점 이상

◆ **합격 일정** : 상시시험

 * 자세한 시험 일정은 큐넷 홈페이지 참조

03 합격률

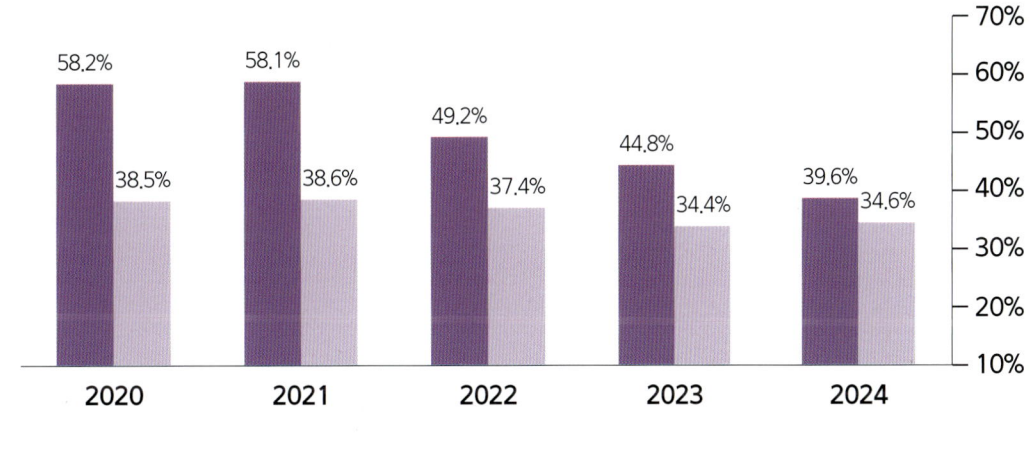

연도	필기	실기
2020	58.2%	38.5%
2021	58.1%	38.6%
2022	49.2%	37.4%
2023	44.8%	34.4%
2024	39.6%	34.6%

메이크업 자격시험

이 책의 혼공비법

실기편

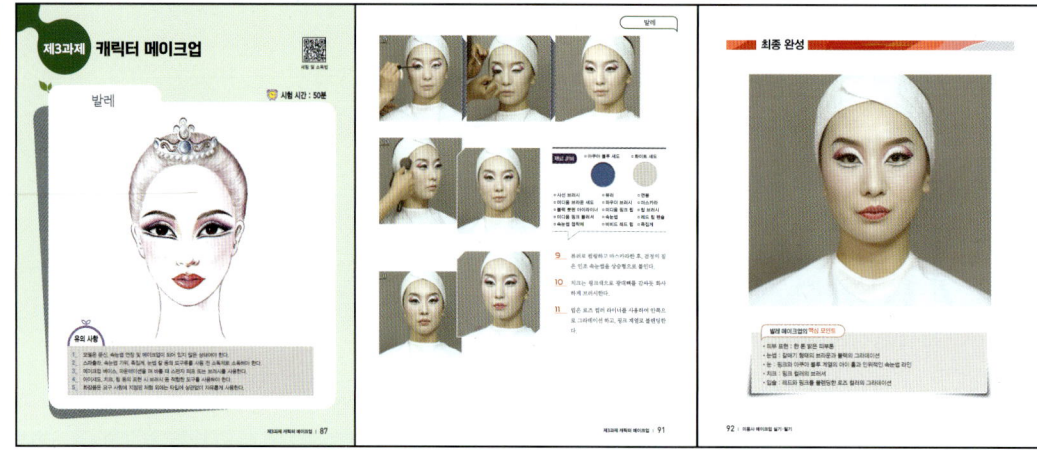

유의사항   시술과정   핵심포인트

각 과제별 유의사항과 소독법을 먼저 확인한 후 상세한 시술과정을 학습하고 과제별 핵심포인트로 마무리한다.

필기편

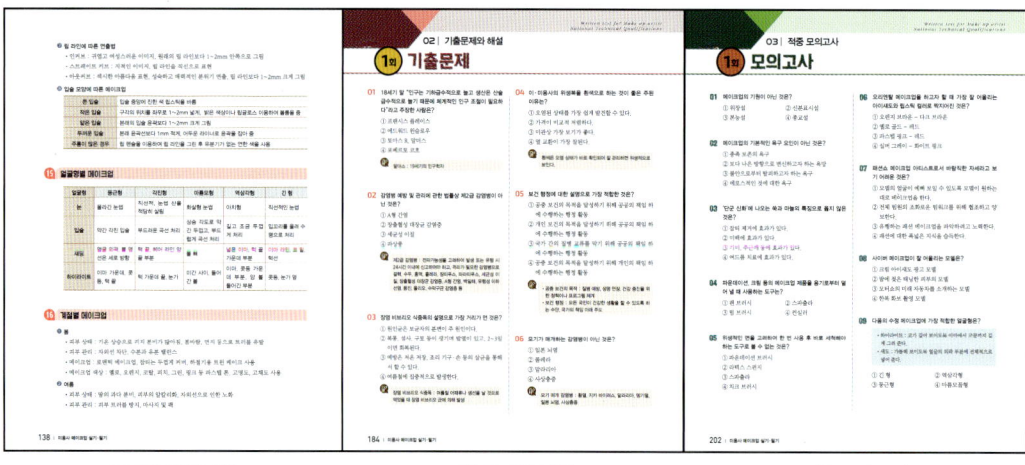

과목별 핵심요약   기출문제와 해설   적중모의고사

핵심만 추린 간략한 이론요약을 학습한 후 기출문제와 해설로 출제경향을 파악하고, 모의고사를 풀며 나의 실력을 파악할 수 있다.

무료 동영상 강의

교재에 있는 QR코드 또는 1QPass 홈페이지(http://1qpassacademy.com)에서 재료준비 및 소독법 안내에 대한 무료 동영상 강의를 볼 수 있다.

이 책의 차례
Contents

 **실기시험**

시험 과제 유형	10
필수 준비물	10
실기 수험자 준수 사항	12
메이크업 위생관리	14

제1과제 뷰티 메이크업
로맨틱 웨딩	15
클래식 웨딩	23
한복	30
내추럴	38

제2과제 시대 메이크업
그레타 가르보	44
마릴린 먼로	52
트위기	59
펑크	66

제3과제 캐릭터 메이크업
레오파드	73
한국 무용	80
발레	87
노인	94

제4과제 시술 메이크업
속눈썹 익스텐션	100
미디어 수염	104

일반 메이크업   109

 **필기시험**

01 과목별 핵심요약
1과목	메이크업 개론	130
2과목	메이크업 시술	161
3과목	공중위생관리	172

02 기출문제와 해설
기출문제 1회	188
기출문제 2회	197

03 적중 모의고사
모의고사 1회	206
모의고사 2회	212
모의고사 3회	218

Written test for Make up artist
National Technical Qualifications

실기시험

시험 과제 유형
필수 준비물
실기 수험자 준수 사항
메이크업 위생관리

| 제1과제 뷰티 메이크업 | 로맨틱 웨딩 클래식 웨딩 한복 내추럴 |

| 제2과제 시대 메이크업 | 그레타 가르보 마릴린 먼로 트위기 펑크 |

| 제3과제 캐릭터 메이크업 | 레오파드 한국 무용 발레 노인 |

| 제4과제 시술 메이크업 | 속눈썹 익스텐션 미디어 수염 |

일반 메이크업

실기시험 안내

01 시험 과제 유형

과제 유형	제1과제(40분)	제2과제(40분)	제3과제(50분)	제4과제(25분)
	뷰티 메이크업	시대 메이크업	캐릭터 메이크업	속눈썹 익스텐션 및 수염
작업 대상	모델			마네킹
세부 과제	❶ 웨딩 – 로맨틱 ❷ 웨딩 – 클래식 ❸ 한복 ❹ 내추럴	❶ 1930년 – 그레타 가르보 ❷ 1950년 – 마릴린 먼로 ❸ 1960년 – 트위기 ❹ 1970~1980년 – 펑크	❶ 이미지 – 레오파드 ❷ 무용 – 한국 ❸ 무용 – 발레 ❹ 노인 – 추면	❶ 속눈썹 익스텐션 – 왼쪽 ❷ 속눈썹 익스텐션 – 오른쪽 ❸ 미디어 수염
과제 선정	총 4개의 과제가 시험 당일 랜덤으로 선정되는 방식으로, 유형별로 1과제가 선정된다.			
배점	30점	30점	25점	15점
평가 기준	예술적인 측면보다는 기능적인 측면을 평가하므로, 기본적인 숙지 사항과 동작, 시술의 숙련 등에서 감점되지 않도록 한다.			

02 필수 준비물

일련번호	지참 공구명	규격	단위	수량	비고
1	모델		명	1	모델 기준 참조
2	위생 가운	긴팔 또는 반팔, 흰색	개	1	시술자용(1회용 가운 불가)
3	눈썹 칼	눈썹 정리용	개	1	메이크업용 미사용품
4	브러시 세트	메이크업용	set	1	
5	어깨 보	메이크업용, 흰색	개	1	모델용
6	스펀지 퍼프	메이크업용	개	필요량	메이크업용 미사용품
7	분첩	//	개	1	//
8	뷰러	//	개	1	메이크업용
9	타월	40×80cm 내외, 흰색	개	필요량	작업대 세팅용, 세안용
10	소독제	액상 또는 젤	개	1	도구, 피부 소독용
11	탈지면 용기		개	1	뚜껑이 있는 용기
12	탈지면(미용 솜)		개	필요량	
13	미용 티슈		개	//	미용용
14	면봉		개	//	//
15	족집게		개	1	눈썹 관리용
16	터번(헤어밴드)		개	1	흰색
17	아이섀도 팔레트	(단품 제품 지참 가능)	set	1	메이크업용

18	립 팔레트	//	set	1	//
19	메이크업 베이스		개	1	//
20	페이스 파우더		개	1	//
21	아이라이너	브라운, 검정색	개	각 1	타입 제한 없음
22	파운데이션	리퀴드, 크림, 스틱 제형 등 (에어졸 제품 불가)	set	1	하이라이트, 섀도, 베이스 컬러용 등
23	마스카라		개	1	
24	아이브로펜슬		개	1	
25	인조 속눈썹		set	필요량	
26	위생 봉투(투명 비닐)		개	1	쓰레기 처리용, 고정용 테이프 포함
27	스파출라		개	1	메이크업용
28	수염(가공된 상태)	검정색	set	1	생사 또는 인조사
29	속눈썹 가위		개	1	눈썹 관리용
30	고정용 스프레이(일반 스프레이)		개	1	수염 관리용
31	수염 접착제(스프리트 검 또는 프로세이드)		개	1	//
32	가위		개	1	//
33	핀셋		개	1	//
34	빗(꼬리빗 또는 마이크로 브러시)		개	1	//
35	가제 수건	물에 젖은 상태	개	1	거즈, 물티슈 대용 가능
36	글루	공인인증기관으로부터 자가 번호를 부여받은 제품	개	1	공인인증제품
37	글루 판		개	1	속눈썹 관리용
38	속눈썹(J컬)	J컬 타입 (8, 9, 10, 11, 12mm)	set	필요량	두께 0.15~0.2mm
39	마네킹(5~6mm 인조 속눈썹이 50가닥 이상 부착된 상태)	얼굴 단면용	개	1	속눈썹 관리용 및 수염 관리용(홀더 추가 지참 가능)
40	핀셋		개	2	속눈썹 관리용
41	아이패치	속눈썹 관리용	개	1	흰색, 테이프 불가
42	우드 스파출라	//	개	필요량	속눈썹 관리용 미사용품
43	전처리제	//	개	1	속눈썹 관리용
44	속눈썹 빗	//	개	1	//
45	속눈썹 접착제	공인인증기관으로부터 자가 번호를 부여받은 제품	개	1	공인인증제품
46	속눈썹 판		개	1	속눈썹 관리용
47	클렌징 제품 및 도구	클렌징 티슈, 해면, 습포 등	개	필요량	메이크업 제거용
48	메이크업 팔레트(플레이트 판)		개	1	믹싱용 (파운데이션 및 아이섀도 등)

03 수험자 준수사항

1	수험자와 모델은 시험위원의 지시에 따라야 하며, 지정된 시간에 시험장에 입실해야 한다.
2	수험자는 수험표 및 신분증(본인임을 확인할 수 있는 사진이 부착된 증명서)을 지참해야 한다.
3	수험자는 반드시 반팔 또는 긴팔 흰색 위생복(1회용 가운 제외)을 착용하여야 하며 복장에 소속을 나타내거나 암시하는 표식이 없어야 한다.
4	수험자 및 모델은 눈에 보이는 표식(예 네일 컬러링, 디자인 등)이 없어야 하며, 표식이 될 수 있는 액세서리(예 반지, 시계, 팔찌, 발찌, 목걸이, 귀걸이 등)를 착용할 수 없다.
5	수험자 또는 모델은 스톱워치나 핸드폰을 사용할 수 없다.
6	모든 수험자는 함께 대동한 모델에 작업해야 하고, 모델을 대동하지 않을 시에는 과제에 응시할 수 없다.
7	수험자는 시험 중에 관리상 필요한 이동을 제외하고 지정된 자리를 이탈하거나 모델 또는 다른 수험자와 대화할 수 없다.
8	과제별 시험 시작 전 준비 시간에 해당 시험 과제의 모든 준비물을 작업대에 세팅하여야 하며, 시험 중에는 도구 또는 재료를 꺼내는 경우 감점 처리한다.
9	지참하는 준비물은 시중에서 판매되는 제품이면 무방하며, 브랜드를 따로 지정하지 않는다.
10	지참하는 화장품 등은 외국산, 국산 구별 없이 시중에서 누구나 쉽게 구입할 수 있는 것을 지참(수험자가 평소 사용하던 화장품도 무방함)한다.
11	수험자가 도구 또는 재료에 구별을 위해 표식(스티커 등)을 만들어 붙일 수 없다.
12	수험자는 위생 봉투(투명 비닐)를 준비하여 쓰레기봉투로 사용할 수 있도록 작업대에 부착한다.

모델 기준
- 만 14세 이상~만 55세 이하(년도 기준)의 신체 건강한 여성
- 모델은 사전에 메이크업이 되어 있지 않은 상태로 시험에 임하여야 한다.
- 수험자가 동반한 모델도 신분증을 지참해야 하며, 공단에서 지정한 신분증을 지참하지 않은 경우, 모델로 시험에 참여가 불가능하다.

13	매 과정별 요구 사항에 여러 가지의 형이 있는 경우에는 반드시 시험위원이 지정하는 형을 작업해야 한다.
14	매 작업 과정 시술 전에는 준비 작업 시간을 부여하므로 시험위원의 지시에 따라 행동하고, 각종 도구도 잘 정리 정돈한 다음 작업에 임하며, 과제 시작 전 사용에 적합한 상태를 유지하도록 미리 준비(작업대 세팅 및 모델 터번 착용 등)한다.
15	시험 종료 후 지참한 모든 재료는 가지고 가며, 주변 정리 정돈을 끝내고 퇴실한다.
16	제시된 시험 시간 안에 모든 작업과 마무리 및 작업대 정리 등을 끝내야 하며, 시험 시간을 초과하여 작업하는 경우는 해당 과제를 0점 처리한다.
17	각 과제별 작업을 위한 모델의 준비가 적합하지 않을 경우 감점 혹은 0점 처리될 수 있다.
18	시험 종료 후 시험위원의 지시에 따라 마네킹에 기 작업된 4과제 작업분을 변형 혹은 제거한 후 퇴실한다.
19	각(1~3) 과제 종료 후 다음 과제 준비시간 전에 시험위원의 지시에 따라 클렌징 제품 및 도구를 사용하여 완성된 과제를 제거하고 다음 과제 작업 준비를 해야 한다.
20	작업에 필요한 각종 도구를 바닥에 떨어뜨리는 일이 없도록 하여야 하며 특히 눈썹 칼, 가위 등을 조심성 있게 다루어 안전사고가 발생되지 않도록 주의한다.
21	채점 대상 제외 사항 ① 시험 전체 과정을 응시하지 않은 경우 ② 시험 도중 시험장을 무단으로 이탈하는 경우 ③ 부정한 방법으로 타인의 도움을 받거나 타인의 시험을 방해하는 경우 ④ 무단으로 모델을 수험자 간에 교체하는 경우 ⑤ 국가기술자격법상 국가기술자격 검정에서의 부정행위 등을 하는 경우 ⑥ 수험자가 위생복을 착용하지 않은 경우 ⑦ 수험자 유의 사항 내의 모델 조건에 부적합한 경우 ⑧ 요구 사항 등의 내용을 사전에 준비해 온 경우(예 눈썹을 미리 그려 온 경우, 수염 과제를 미리 해 온 경우, 턱 부위에 밑그림을 그려 온 경우, 속눈썹(J컬)을 미리 붙여 온 상태 등) ⑨ 마네킹을 지참하지 않은 경우
22	시험응시 제외 사항 : 모델을 데려 오지 않은 경우
23	오작 사항 ① 요구된 과제가 아닌 다른 과제를 작업하는 경우(예 로맨틱 메이크업을 클래식 메이크업으로 작업한 경우 등) ② 작업 부위를 바꿔서 작업하는 경우(예 마네킹의 속눈썹 좌우를 바꿔서 작업하는 경우 등)

24	득점 외 별도 감점 사항 ① 수험자의 복장 상태, 모델 및 마네킹의 사전 준비 상태 등 어느 하나라도 미 준비하거나 사전 준비 작업이 미흡한 경우 ② 필요한 기구 및 재료 등을 시험 도중에 꺼내는 경우 ③ 문신 및 반영구 메이크업(눈썹, 아이라인, 입술) 및 속눈썹 연장을 한 모델을 대동한 경우 ④ 눈썹염색 및 틴트 제품을 사용한 모델을 대동한 경우
25	미완성 사항 ① 4과제 속눈썹 익스텐션 작업 시 최소 40가닥 이상의 속눈썹(J컬)을 연장하지 않은 경우 ② 4과제 미디어 수염 작업 시 콧수염과 턱수염 중 어느 하나라도 작업하지 않은 경우

04 메이크업 위생관리

메이크업 위생관리	• 상담실, 제품 보관실, 메이크업 작업 환경을 세제와 도구를 사용하여 청결하게 청소한다. • 상담실, 제품 보관실, 메이크업 작업 환경의 실내 공기를 환기한다.
메이크업 재료·도구 위생관리	• 메이크업 시행에 필요한 도구 관리 체크리스트를 만든다. • 메이크업 도구 관리 체크리스트에 따라 사전 점검 작업을 실시한다. • 고객에게 제공되는 재료, 도구, 기기 등을 청결하게 위생 처리한다.
메이크업 작업자 위생관리	• 고객에게 불쾌감을 주지 않도록 체취와 구취를 관리한다. • 작업 전후 손을 깨끗이 씻거나 소독한다. • 메이크업 사업장 내에서는 항상 복장을 청결히 착용한다.

자주 하는 질문
- 타월류의 경우는 비슷한 크기면 무방하다.
- 아트용 컬러, 물통, 아트용 브러시, 바구니(흰색), 더마 왁스, 실러(메이크업용), 홀더(마네킹) 및 수험자 지참 준비물 중 기타 필요한 재료의 추가 지참은 가능하다.(송풍기, 부채 등은 지참 및 사용불가)
- 공개 문제 및 수험자 지참 준비물에 언급된 도구 및 재료 중 기타 실기 시험에서 요구한 작업 내용에 영향을 주지 않는 범위 내에서 수험자가 메이크업 미용 작업에 필요하다고 생각되는 재료 및 도구(예 아이섀도, 브러시류, 핀셋류 등)는 추가 지참할 수 있다.
- 소독제를 제외한 주요 화장품은 덜어서 가져오면 안 되며 정품을 사용해야 한다.
- 미용사(메이크업) 실기시험 공개 문제(도면)의 헤어스타일(업스타일, 흰머리 표현 등 불가) 및 장신구(티아라, 비녀 등 지참 불가), 써클·컬러 렌즈(모델착용 불가), 헤어 컬러링 상태 등은 채점 대상이 아니며, 대동 모델에게 착용이 불가하다.

제1과제 뷰티 메이크업

세팅 및 소독법

로맨틱 웨딩

 시험 시간 : 40분

 유의 사항

1. 모델은 문신(눈썹, 아이라인, 입술 등), 속눈썹 연장 및 메이크업이 되어 있지 않은 상태여야 한다.
2. 스파출라, 속눈썹 가위, 족집게, 눈썹 칼 등의 도구류를 사용 전 소독제로 소독해야 한다.
3. 메이크업 베이스, 파운데이션을 펴 바를 때 스펀지 퍼프 또는 브러시를 사용한다.
4. 아이섀도, 치크, 립 등의 표현 시 브러시 등 적합한 도구를 사용해야 한다.
5. 화장품은 요구 사항에 지정된 제형 외에는 타입에 상관없이 자유롭게 사용한다.

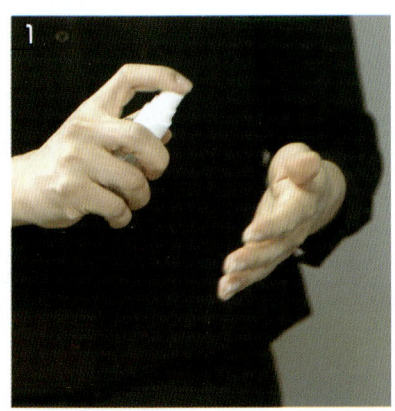

재료 준비
- 알코올 스프레이
- 바이올렛 메이크업 베이스
- 팔레트
- 면봉
- 라텍스 스펀지

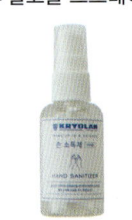

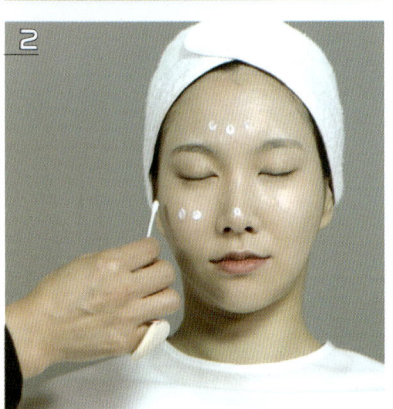
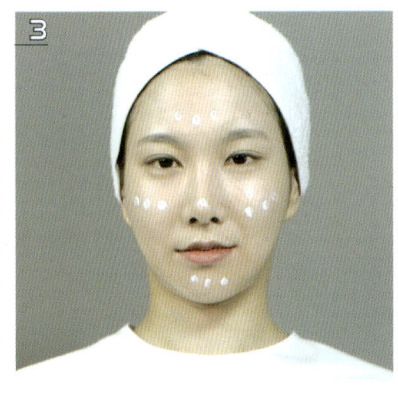
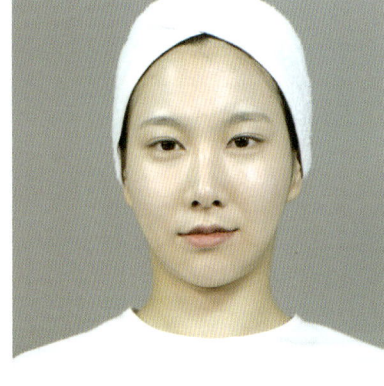

1. 메이크업 시작 전 손과 도구를 소독한다.

2. 모델의 피부 톤에 맞는 메이크업 베이스를 선택하여 얼굴 전체에 도포한다.

3. 홍조나 여드름 자국이 있는 피부는 그린 베이스, 노랗고 칙칙한 피부는 핑크나 바이올렛 색이 적합하다. 이번 웨딩 메이크업에서는 신부의 환한 얼굴을 위해 바이올렛 메이크업 베이스를 사용한다.

4. 라텍스를 이용하여 얼굴 안쪽에서 바깥 방향으로 얇게 두드리며 펴 바른다. 물에 젖은 라텍스를 사용하는 것도 촉촉한 피부 표현을 위해서 좋다.

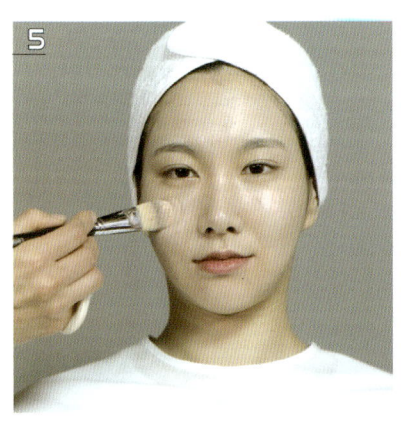

재료 준비
- 라이트 베이지 리퀴드 파운데이션
- 팔레트
- 파운데이션 브러시
- 라텍스 스펀지

> 로맨틱 웨딩

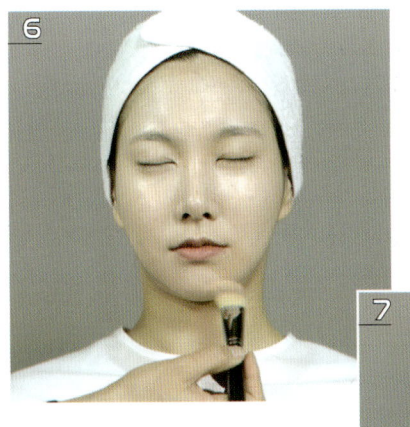

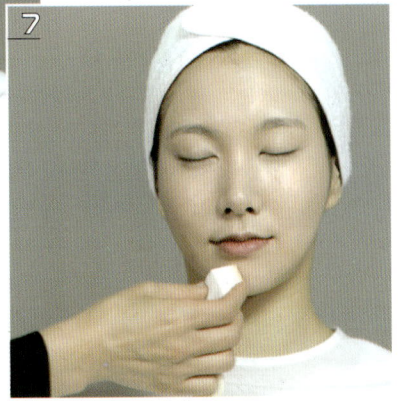

5   모델의 피부 톤보다 한 톤 밝은 파운데이션을 선택하여 얼굴 중앙에서 바깥 방향으로 피부결을 따라 얇게 발라 준다.

6   브러시를 사용하여 짧게 두드리듯이 펴 바르며 붓으로 인한 경계를 없애 준다.

7   라텍스 스펀지로 얼굴 전체를 두드리며 파운데이션의 밀착력을 높여 준다.

재료 준비
- 라이트 베이지 크림 파운데이션
- 컨실러 브러시

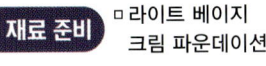

- 누드 루즈 파우더
- 파우더 퍼프

- 다크 브라운 스틱 파운데이션
- 메이크업 스펀지

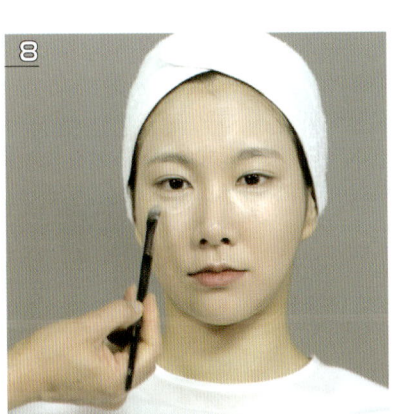

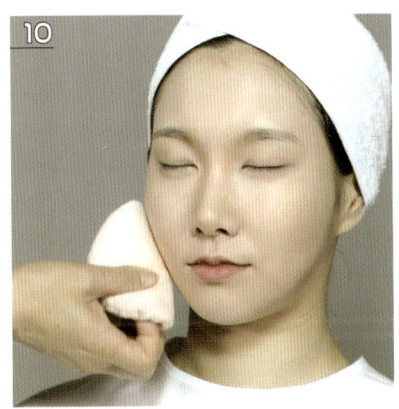

8   눈 밑과 코 옆, 구각과 잡티 등을 컨실러로 커버하고 하이라이트 부분에 터치하여 얼굴의 입체감을 표현한다.

9   한 톤이나 반 톤 어두운 파운데이션으로 페이스 라인에서 안쪽으로 얼굴에 섀딩 효과를 준다. 약간 짧은 턱이 신부의 귀여움을 높여 줄 수 있기 때문에 턱, 코 끝, 눈썹 앞머리 부분 등에도 음영을 준다. 경계가 생기지 않도록 물에 적신 스펀지로 잘 펴 바르는 것이 중요하다.

10   파우더를 소량 사용하여 가볍게 발라 유분 제거를 해준다.

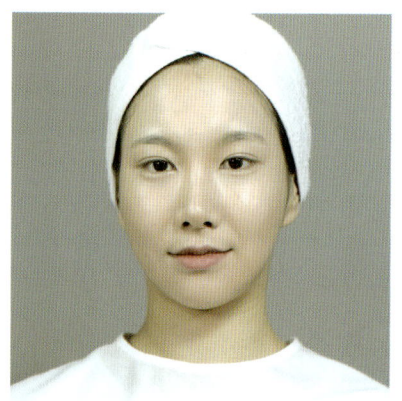

재료 준비	□ 스크루 브러시	□ 미디움 브라운 섀도	□ 블렌딩 브러시	□ 면봉
	□ 다크 브라운 섀도	□ 아이브로 펜슬	□ 아이섀도 브러시	

11 모델의 눈썹 색에 맞게 흑갈색으로 눈썹 산이 각지지 않게 둥근 느낌으로 연출한다. 이때 스크루 브러시를 이용한다.

12 둥글고 짧은 브러시를 사용하여 눈썹 앞머리부터 전체적인 눈썹의 형태를 잡으며 그려 준다. 그 뒤 빈 곳을 메우듯 각이 지지 않게 펜슬 등으로 그려 준다.

13 짧은 아이브로 브러시로 눈썹을 정돈하며 마무리해 준다.

14 면봉을 이용하여 눈썹 주변까지 정돈하여 눈썹 화장을 마무리한다.

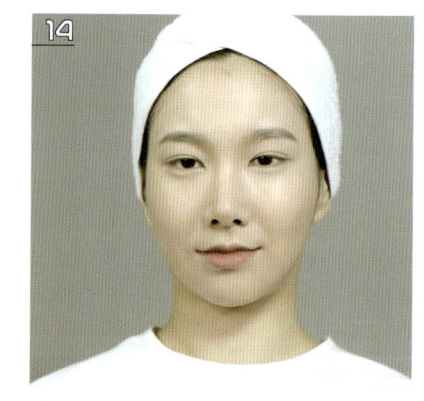

| 재료 준비 | □ 페일 핑크 섀도 | □ 펄 화이트 섀도 | □ 아이섀도 브러시 | □ 면봉 | □ 라이트 퍼플 섀도 |

로맨틱 웨딩

  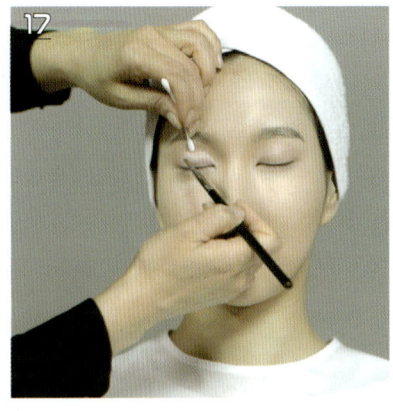

15-16 눈동자 중앙부터 시작하여 눈두덩이에 옅은 핑크 섀도를 바르고 언더에도 터치하여 전체적인 연결감을 준다.

17 연보라색 섀도로 도면과 같이 아이라인을 표현한다. 위로 올라갈수록 그라데이션 되도록 하고, 이때 섀도 가루가 떨어져 피부 화장이 번지지 않도록 눈 밑에 대고 바른다.

18 아이 메이크업이 마무리되면 면봉을 이용하여 눈 주변을 정리한다. 경계 없는 자연스러운 그라데이션이 중요한 스킬이다.

재료 준비: □ 면봉 □ 뷰러 □ 블랙 붓펜 아이라이너

19 아이라이너로 눈 점막을 메우듯 그려 준다. 사랑스러운 신부를 연출하는 것이므로 눈꼬리가 너무 높지 않게 하고, 이후 인조 속눈썹을 붙이므로 지나치게 오랜 시간을 사용하지 않도록 한다.

20 뷰러를 이용해서 속눈썹을 컬링한다. 이때 모델의 시선을 아래로 향하게 한 후 조금 위로 올려 준다.

재료 준비	□ 속눈썹 	□ 족집게 	□ 속눈썹 접착제 	□ 면봉 	□ 미디움 핑크 립 	□ 마스카라 □ 비비드 핑크 치크 □ 블러셔 브러시 □ 핑크 립글로스 □ 립 브러시

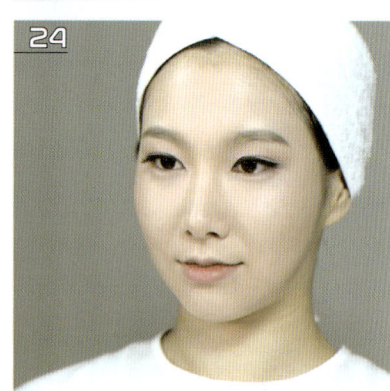

21 인조 속눈썹을 모델의 눈 길이에 맞게 잘라 1~2초간 밀어 눌러 주며 고정한다.

22 마스카라로 자연 속눈썹과 인조 속눈썹이 자연스럽게 연결될 수 있게 한다.

23-24 마스카라가 번졌다면 약간 굳힌 후 면봉을 통해 쉽게 제거할 수 있다.

25 치크는 핑크색을, 애플 존 위치에 둥글리듯 발라 준다.

26 립은 핑크색을 입술 안쪽에 짙게 발라 남은 여분으로 입술 라인을 정리하며 바른다. 이후 한 번 더 발라 입체감을 주고, 중앙 부분은 립글로스를 이용해 도톰하게 연출한다.

로맨틱 웨딩

최종 완성

로맨틱 웨딩메이크업의 핵심 포인트

- 피부 표현 : 한 톤 밝게 화사하고 매트하지 않게 표현
- 눈썹 : 흑갈색의 둥근 모양
- 눈 : 핑크와 퍼플 컬러의 아이섀도로 자연스럽게 그라데이션
- 볼 : 사랑스러운 느낌의 핑크 블러셔
- 입술 : 도톰하고 촉촉한 느낌의 핑크 립

완성 활용
로맨틱 웨딩
메이크업

제1과제 뷰티 메이크업

세팅 및 소독법

 시험 시간 : 40분

클래식 웨딩

유의 사항

1_ 모델은 문신(눈썹, 아이라인, 입술 등), 속눈썹 연장 및 메이크업이 되어 있지 않은 상태여야 한다.
2_ 스파출라, 속눈썹 가위, 족집게, 눈썹 칼 등의 도구류를 사용 전 소독제로 소독해야 한다.
3_ 메이크업 베이스, 파운데이션을 펴 바를 때 스펀지 퍼프 또는 브러시를 사용한다.
4_ 아이섀도, 치크, 립 등의 표현 시 브러시 등 적합한 도구를 사용해야 한다.
5_ 화장품은 요구 사항에 지정된 제형 외에는 타입에 상관없이 자유롭게 사용한다.

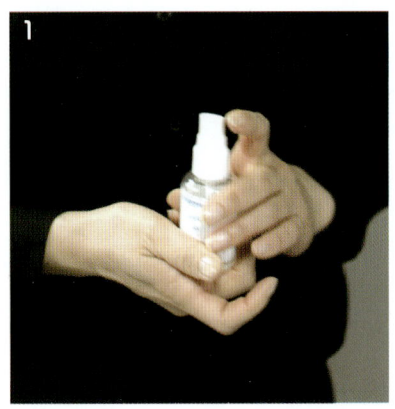

재료 준비	▫ 알코올 스프레이	▫ 바이올렛 메이크업 베이스
	▫ 면봉	
	▫ 라이트 베이지 리퀴드 파운데이션	
	▫ 베이지 리퀴드 파운데이션	
	▫ 파운데이션 브러시	

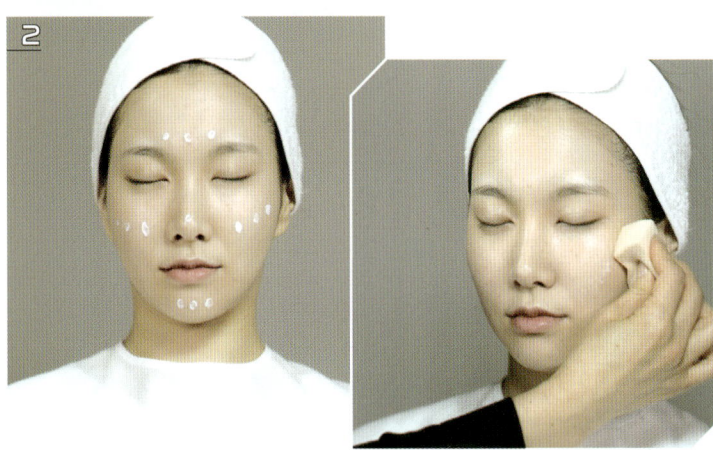

1 과제 수행 전 수험자의 손과 도구류를 소독한다.

2 모델의 피부 톤에 적합한 메이크업 베이스를 선택하여 얇고 고르게 펴 바른다. 웨딩 메이크업이므로 화사함을 연출하기 위해 바이올렛 메이크업 베이스를 선택하였다.

3 모델의 피부 톤에 맞는 파운데이션을 선택하여 밀착시키는 것이 중요하다. 브러시와 물에 젖은 라텍스로 충분히 흡수시킨다.

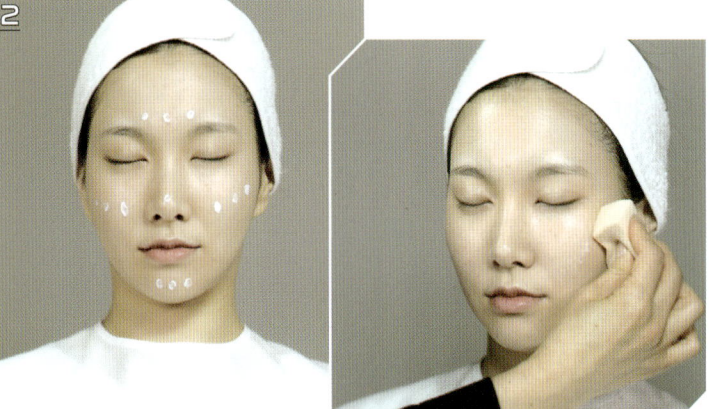

재료 준비	▫ 다크 브라운 스틱 파운데이션	▫ 라이트 베이지 파운데이션
		▫ 컨실러 브러시
		▫ 메이크업 스펀지
		▫ 누드 루즈 파우더
		▫ 파우더 퍼프

> 클래식 웨딩

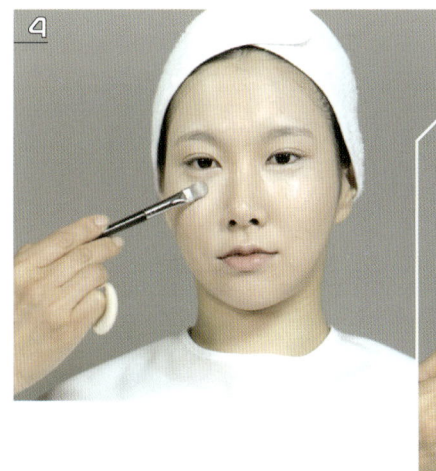

4 한 톤 밝은 파운데이션으로 하이라이트와 잡티 커버까지 동시에 해결한다.

5 한 톤 어두운 파운데이션으로 얼굴 외곽, 헤어라인, 코 벽을 터치하여 섀딩 효과를 준다.

6 매트한 피부 표현을 위해 파우더를 얼굴 전체에 누르듯 발라 유분을 제거한다.

7 스크루 브러시로 파우더 가루를 털어 내고 눈썹의 결을 정리한 뒤, 모가 둥근 브러시로 앞머리부터 모양을 잡는다.

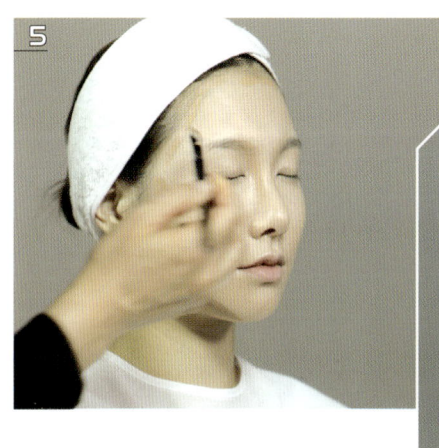
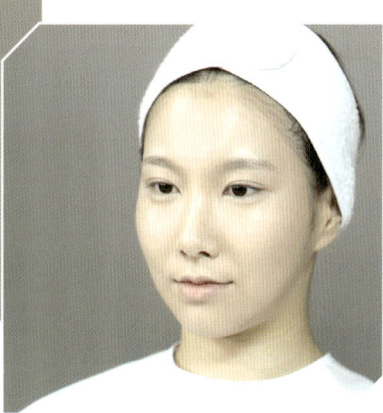

재료 준비
- 골드 펄 파우더 섀도
- 다크 브라운 아이브로 펜슬
- 스크루 브러시
- 섀딩 섀도
- 블렌딩 브러시
- 면봉
- 펄 피치 섀도
- 딥 브라운 섀도
- 아이섀도 브러시

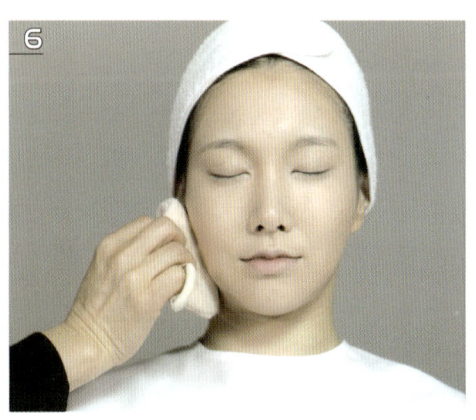
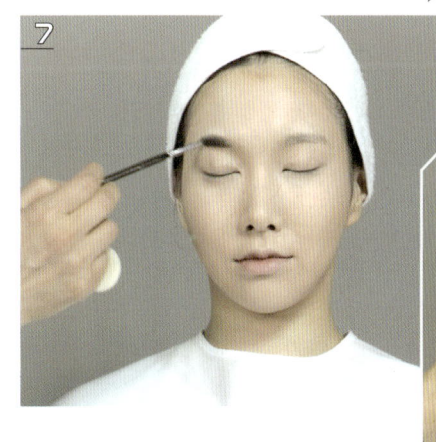

8 모델의 눈썹 모양에 맞게 흑갈색으로 약간 눈썹 산이 있게 그린다. 정면에서 양쪽 대칭을 확인한 후 면봉으로 정리한다.

9 피치색의 아이섀도로 눈두덩 전체를 펴 바른다.

10 브라운 색을 포인트 컬러로 속눈썹 라인에 깊이를 부여하는데, 언더의 삼각 존까지 자연스럽게 연결한다.

11 눈 앞머리 위, 아래에는 골드 펄로 화려하게 연출한다. 이때 아이 홀 라인의 경계가 생기지 않게 그라데이션 하는 것이 중요하다.

> 클래식 웨딩

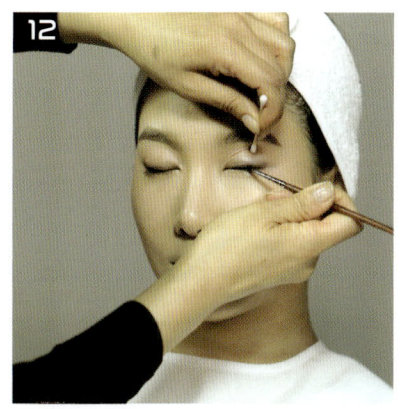

재료 준비: □ 블랙 젤 아이라인 □ 아이라인 브러시 □ 면봉 □ 피치색 블러셔 섀도 □ 코랄 베이지 립 컬러 □ 뷰러 □ 속눈썹 □ 족집게 □ 마스카라 □ 속눈썹 접착제 □ 블러셔 브러시 □ 립 브러시

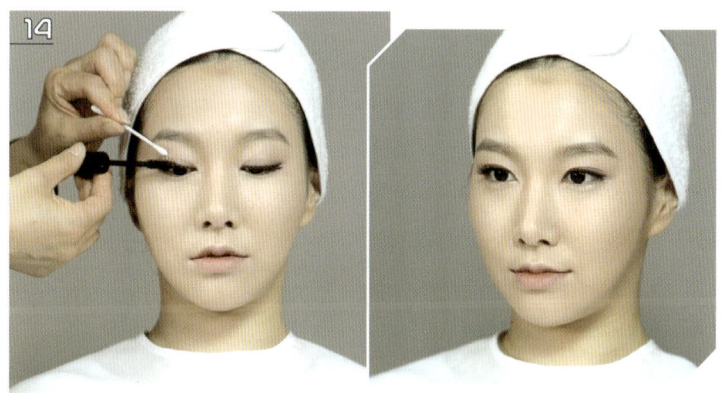

12 아이라인은 속눈썹 사이를 메우고 눈매를 아름답게 교정한다.

13 뷰러를 이용하여 자연 속눈썹을 컬링, 인조 속눈썹은 뒤쪽이 길게 모델의 눈에 맞춰 붙인다.

14 속눈썹이 풍성하게 연출되도록 마스카라를 지그재그로 꼼꼼하게 바른다.

15 치크는 피치 계열로 광대뼈 바깥에서 안쪽으로 사선으로 표현하고, 자연스럽게 블렌딩한다.

16 립은 베이지 핑크로 입술 안쪽은 짙게, 라인은 깔끔하게 바른다.

최종 완성

클래식 웨딩메이크업의 핵심 포인트

- 피부 표현 : 피부 톤에 맞는 파운데이션으로 매트하게 표현
- 눈썹 : 약간 눈썹 산이 있게 표현
- 눈 : 피치와 브라운 계열의 아이섀도를 그라데이션 하고, 골드 펄 섀도로 화려하게 연출
- 볼 : 피치 계열로 진하지 않게 블러셔 처리
- 입술 : 베이지 컬러로 입술 라인을 선명하게 표현

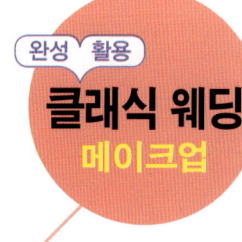

완성 활용
클래식 웨딩
메이크업

제1과제 뷰티 메이크업

세팅 및 소독법

 시험 시간 : 40분

한복

유의 사항

1. 모델은 문신(눈썹, 아이라인, 입술 등), 속눈썹 연장 및 메이크업이 되어 있지 않은 상태여야 한다.
2. 스파출라, 속눈썹 가위, 족집게, 눈썹 칼 등의 도구류를 사용 전 소독제로 소독해야 한다.
3. 메이크업 베이스, 파운데이션을 펴 바를 때 스펀지 퍼프 또는 브러시를 사용한다.
4. 아이섀도, 치크, 립 등의 표현 시 브러시 등 적합한 도구를 사용해야 한다.
5. 화장품은 요구 사항에 지정된 제형 외에는 타입에 상관없이 자유롭게 사용한다.

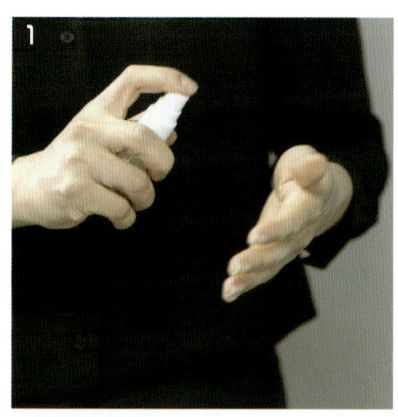

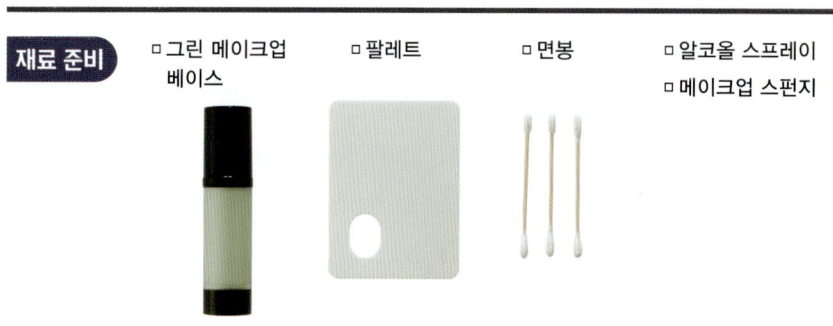

재료 준비: □ 그린 메이크업 베이스 □ 팔레트 □ 면봉 □ 알코올 스프레이 □ 메이크업 스펀지

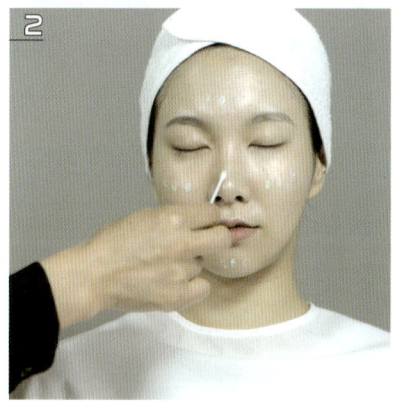
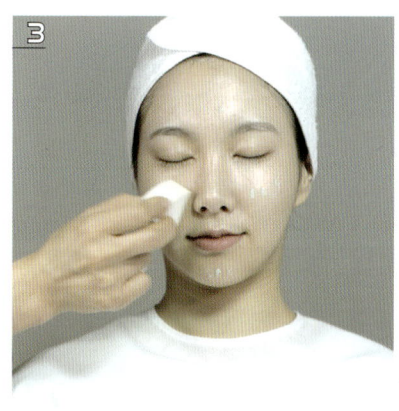

1. 과제 시작 전 알코올 스프레이로 손과 도구를 소독한다.

2. 모델의 피부 톤에 맞는 메이크업 베이스를 선택하여 소량을 얼굴 전체에 발라 준다.

3. 라텍스 스펀지를 이용하여 얼굴 안쪽에서 바깥쪽으로 두드려 얇게 발라 주는 것이 중요하다.

재료 준비: □ 라이트 베이지 리퀴드 파운데이션 □ 파운데이션 브러시 □ 컨실러 브러시 □ 라이트 베이지 크림 파운데이션

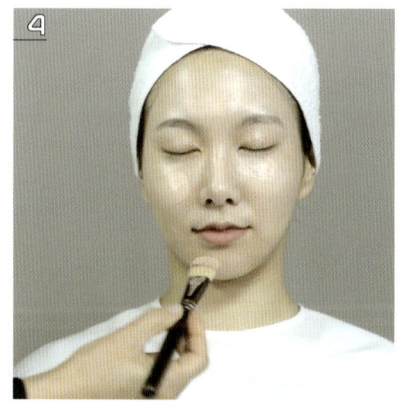
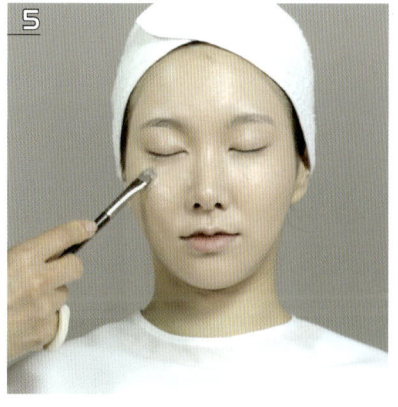

4. 브러시를 이용하여 피부의 결을 따라 안쪽에서 바깥쪽으로 펴 바르고, 짧게 터치하여 자국이 남지 않게 촘촘하게 바른다.

5. 컨실러 브러시를 이용하여 얼굴의 잡티를 커버하고 입체감이 필요한 이마 중앙이나 입술 라인 끝 등을 톡톡 터치한다.

| 재료 준비 | □ 다크 브라운 스틱 파운데이션  | □ 컨실러 브러시
□ 메이크업 스펀지
□ 누드 루즈 파우더
□ 파우더 퍼프 |

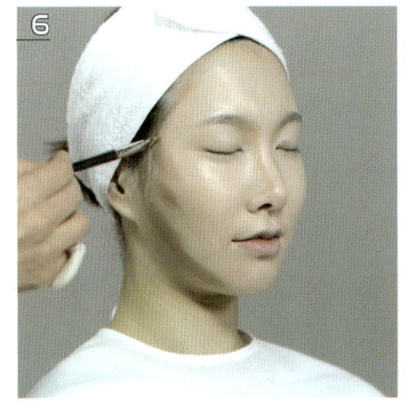 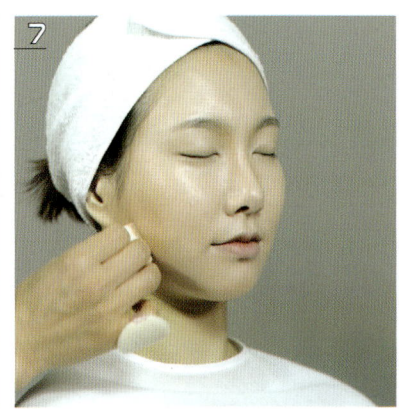

6 한 톤 밝은 파운데이션으로 하이라이트를, 한 톤 어두운 파운데이션으로 섀딩 효과를 주어 얼굴의 입체감을 표현한다.

7 메이크업 스펀지로 얼굴 바깥쪽에서 안쪽으로 자연스럽게 그라데이션 하고, 섀딩 경계 부분은 기존에 사용하였던 파운데이션 스펀지로 블렌딩한다. 여분으로 코 벽 부분도 터치하여 입체감을 준다. 경계가 생기지 않도록 자연스럽게 바르는 것이 중요하다.

8 소량의 파우더를 얼굴 전체에 꼭꼭 누르듯 터치하여 유분기를 잡는다.

9 스크루 브러시로 눈썹을 결대로 빗어 정리한다. 눈썹 사이에 남은 파운데이션이나 파우더를 털어 내는 역할도 한다.

10 눈썹 앞머리가 비어 보이는 경우 펄이 없는 브라운 섀도를 둥근 브러시로 모양을 만들어 가며 그린다.

| 재료 준비 | □ 스크루 브러시  | □ 미디움 브라운 섀도
□ 블렌딩 브러시
□ 라이트 브라운 아이브로 펜슬
□ 면봉 |

> 한복

11 아이브로 펜슬로 모델의 눈썹 모양에 따라 빈 곳을 채우듯 그린다. 한복 메이크업은 단아한 인상을 주어야 하므로 약간 도톰하고 짧게 그리는 것이 좋다.

12 정면에서 눈썹의 대칭을 확인하고, 면봉으로 눈썹 주변을 정리한다.

재료 준비	펄 피치 섀도	딥 브라운 섀도, 다크 브라운 섀도	크림 컬러 섀도	화이트 펄 섀도	아이섀도 브러시

13 펄이 가미된 피치 컬러의 섀도를 눈두덩 전체에 바른다. 발색이 잘되어야 하는 눈동자 윗부분부터 시작하여 그라데이션 되게 펴 바른다.

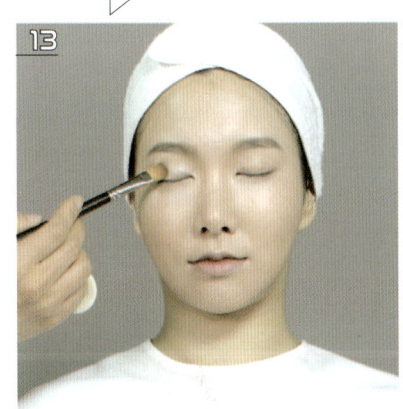

14 부드러운 재질의 짧은 브러시를 사용하여 뒤쪽에서 앞쪽으로 언더라인도 전체적으로 바른다.

15 브라운 컬러를 포인트로 아이라인 주변을 짙게 발라 그라데이션 한다.

16 짧은 모의 포인트 브러시로 언더 삼각존부터 눈동자 전까지 발라 눈꼬리에 음영을 준다.

재료 준비
- 블랙 붓펜 아이라이너
- 면봉
- 뷰러

17 크림 컬러의 아이섀도를 눈 밑에 발라 애교 살을 표현한다.

18 눈썹 가까이 점막 사이를 메우듯 그리고 눈꼬리를 하강형으로 그려 단아한 느낌을 준다.

19 모델의 시선을 아래로 향하게 하고 뷰러로 속눈썹을 컬링한다. 뿌리부터 시작하여 세 번에 나누어 집어 올린다.

20 모델의 속눈썹 길이에 맞게 자른 인조 속눈썹에 글루를 바르고 잠시 건조시킨 뒤, 속눈썹에 가장 가깝게 눈동자 중앙부터 밀착하여 붙인다.

21 속눈썹과 인조 속눈썹이 자연스럽게 보이도록 마스카라를 바른다.

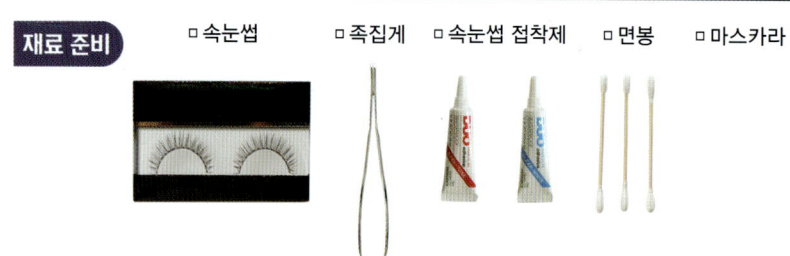

재료 준비: 속눈썹, 족집게, 속눈썹 접착제, 면봉, 마스카라

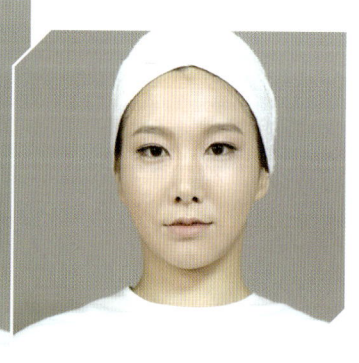

한복

재료 준비 □피치색 블러셔 □블러셔 브러시

재료 준비 □오렌지 레드 립 컬러 □립 브러시

22 치크는 오렌지 계열로 광대뼈 위쪽에서 안에서 바깥 방향으로 경계가 생기지 않게 그라데이션 한다.

23 립은 오렌지 레드 계열로 립 브러시에 충분히 발라 골고루 묻힌 뒤 촘촘히 바른다. 짙은 색으로 립을 바를 때는 컨실러를 사용하여 입술 라인과 구각을 깔끔하게 정리한다.

최종 완성

한복 메이크업의 핵심 포인트

- 피부 표현 : 유분기 없이 매트하게 처리
- 눈썹 : 자연스러운 눈썹으로 짧고 도톰하게 표현
- 눈 : 펄이 가미된 피치와 브라운 색의 아이섀도, 단아한 느낌의 하강형 아이라인으로 표현
- 볼 : 오렌지 계열의 블러셔
- 입술 : 오렌지 레드 컬러의 립으로 깔끔하게 표현

완성 활용
한복 메이크업

제1과제 뷰티 메이크업

세팅 및 소독법

내추럴

 시험 시간 : 40분

유의 사항

1_ 모델은 문신(눈썹, 아이라인, 입술 등), 속눈썹 연장 및 메이크업이 되어 있지 않은 상태여야 한다.
2_ 스파출라, 속눈썹 가위, 족집게, 눈썹 칼 등의 도구류를 사용 전 소독제로 소독해야 한다.
3_ 메이크업 베이스, 파운데이션을 펴 바를 때 스펀지 퍼프 또는 브러시를 사용한다.
4_ 아이섀도, 치크, 립 등의 표현 시 브러시 등 적합한 도구를 사용해야 한다.
5_ 화장품은 요구 사항에 지정된 제형 외에는 타입에 상관없이 자유롭게 사용한다.

> 내추럴

재료 준비 □ 알코올 스프레이 □ 퍼플 메이크업 베이스 □ 화이트 펄 프라이머 □ 면봉 □ 리퀴드 파운데이션 □ 라텍스 스펀지 □ 파운데이션 브러시 □ 라이트 베이지 파운데이션 □ 컨실러 브러시

1. 메이크업 시작 전 손과 도구의 소독은 잊지 않는다.

2. 모델의 피부 톤과 보색이 되는 메이크업 베이스를 선택하여 화사한 피부가 되도록 한다.

3. 퍼플 메이크업 베이스와 화이트 펄 프라이머를 1:1로 섞어 양 볼, 이마, 코, 턱 등에 면봉으로 찍어 두고, 라텍스 스펀지로 펴 바른다.

4. 넓은 곳에서 좁은 곳으로, 양 볼을 중심으로 톡톡 두드려 바른다. 내추럴 메이크업에서는 피부 표현이 가장 중요하기 때문에 베이스부터 맑고 투명하게 표현한다.

5. 반드시 리퀴드 파운데이션을 사용하고, 모델의 피부 톤과 유사한 색을 브러시로 도포한다.

6. 피부가 건조해지지 않도록 속도감 있게 처리하는 것이 중요하고, 물에 적신 라텍스 스펀지로 촉촉하게 마무리한다.

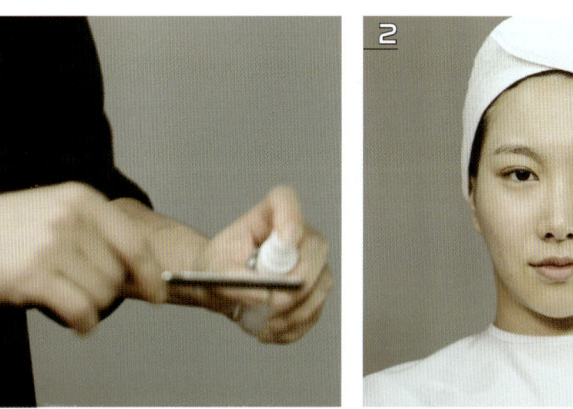

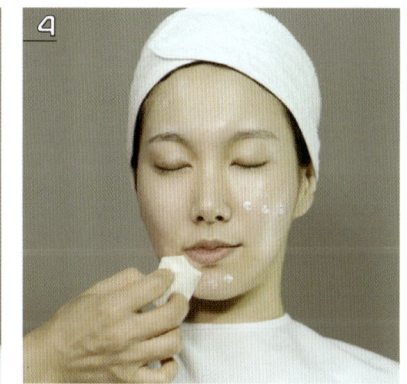
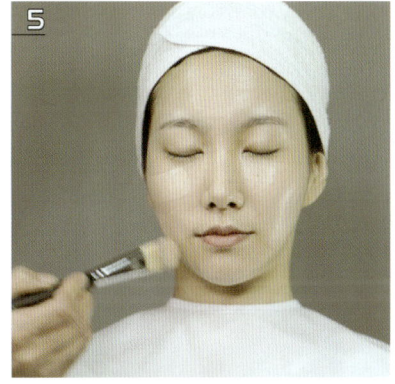
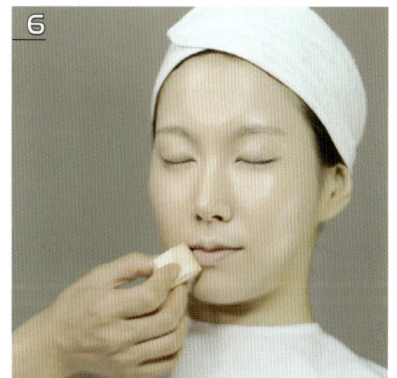

제1과제 뷰티 메이크업

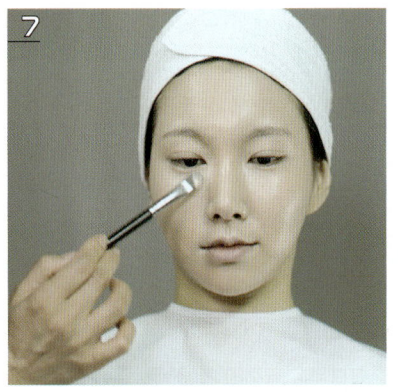 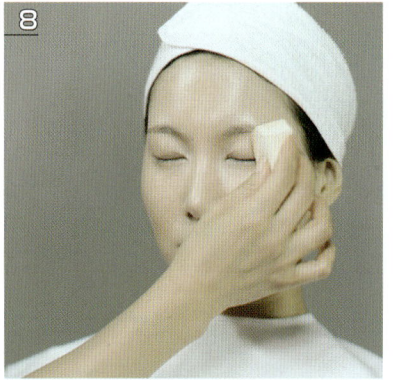

7 깨끗한 피부 표현을 위해 컨실러로 얼굴의 잡티나 칙칙한 부분을 커버하여 전체적으로 화사하게 표현한다.

8 젖은 스펀지 라텍스로 다시 한 번 촉촉하게 두드려 주고, 컨실러를 사용한 부분은 살짝 두드리듯 밀착시킨다. 내추럴 메이크업의 피부 표현은 두껍지 않아야 하므로 충분히 두드려 얇게 잘 표현한다.

재료 준비
- 투명 파우더
- 미디움 베이지 섀도
- 베이지 핑크 립 컬러
- 스크루 브러시
- 파우더 브러시
- 블렌딩 브러시
- 딥 브라운 아이브로 펜슬
- 브라운 펜슬 아이라이너
- 아이섀도 브러시
- 포인트 브러시
- 라텍스 스펀지
- 딥 베이지 섀도
- 립 브러시
- 다크 브라운 섀도
- 면봉
- 뷰러
- 마스카라

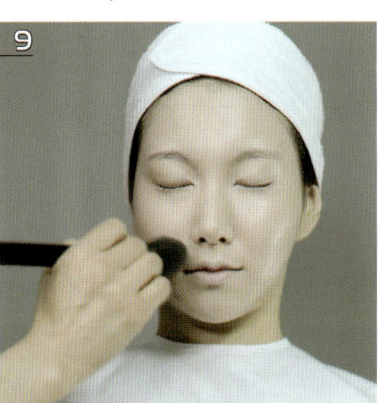 

9 반드시 투명 파우더를 사용하여 얼굴 외곽 부분부터 중앙에서 바깥쪽으로 쓸어 내듯 터치하며 유분을 제거한다.

10 딥 베이지 섀도로 눈썹의 전체 형태를 먼저 그린다.

11 모델의 모발 색과 유사한 아이브로 펜슬로 눈썹 빈 곳을 메우며 그리고 스크루 브러시로 정리한다.

12 아이섀도는 펄이 없는 브라운 컬러를 눈두덩 전체와 언더에 바른다.

내추럴

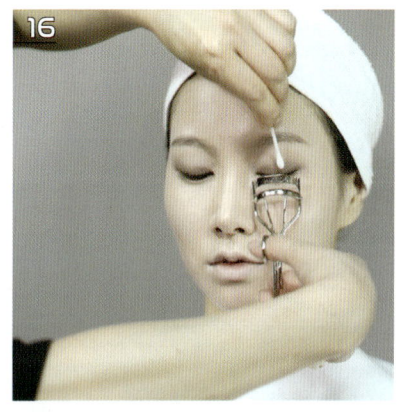

13   언더에도 발라 연결감 있게 눈에 음영을 넣는다.

14   브라운 색으로 도면과 같이 아이라인 주변을 짙게 바르고, 위쪽으로 그라데이션 한다. 내추럴 메이크업의 특성상 어느 한 부분이 과하지 않게 주의한다.

15   지정된 브라운 펜슬 아이라이너를 이용하여 눈 점막을 메우며 그린다. 또렷한 눈매 완성을 위해 섀도 타입으로 다시 한 번 덧칠하는 것이 좋다.

16   뷰러를 이용해 모델의 자연 속눈썹을 컬링한다.

17   마스카라는 위아래 속눈썹을 모두 한올 한올 뭉치지 않게 바르고, 지그재그로 위로 올려 주듯 발라 자연스러운 C컬이 되도록 연출한다.

18   치크는 피치 블러셔를 둥글리며 바른다. 만약 양 조절이 잘못되어 발색이 진하다면, 물에 젖은 라텍스 스펀지를 통해 수정하며 얼굴에 윤기도 더해 준다.

19   베이지 핑크 컬러로 입술 중앙에서 외곽으로 자연스럽게 바른다. 면봉으로 입술 외곽을 정리하여 그라데이션과 깔끔함을 더한다.

최종 완성

내추럴 메이크업의 핵심 포인트

- 피부 표현 : 두껍지 않고 자연스러운 피부 표현
- 눈썹 : 모델의 눈썹 모양을 살린 자연스러운 표현
- 눈 : 짙지 않은 컬러의 아이섀도를 사용하여 자연스럽게 그라데이션
- 볼 : 과하지 않고 자연스러운 혈색으로 표현
- 입술 : 베이지 핑크 컬러로 표현

※ 문제에서 요구하는 지정 타입을 반드시 사용한다.
  지정 타입 : 투명파우더, 리퀴드 타입 파운데이션, 브라운 섀도나 펜슬타입 아이라이너

제2과제 시대 메이크업

세팅 및 소독법

🕐 **시험 시간 : 40분**

그레타 가르보

유의 사항

1. 모델은 문신(눈썹, 아이라인, 입술 등), 속눈썹 연장 및 메이크업이 되어 있지 않은 상태여야 한다.
2. 스파출라, 속눈썹 가위, 족집게, 눈썹 칼 등의 도구류를 사용 전 소독제로 소독해야 한다.
3. 메이크업 베이스, 파운데이션을 펴 바를 때 스펀지 퍼프 또는 브러시를 사용한다.
4. 아이섀도, 치크, 립 등의 표현 시 브러시 등 적합한 도구를 사용해야 한다.
5. 화장품은 요구 사항에 지정된 제형 외에는 타입에 상관없이 자유롭게 사용한다.

> 그레타 가르보

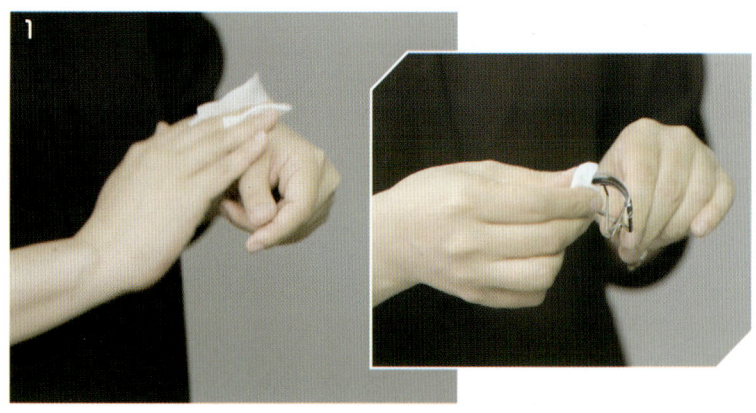

재료 준비 ▫ 알코올 솜

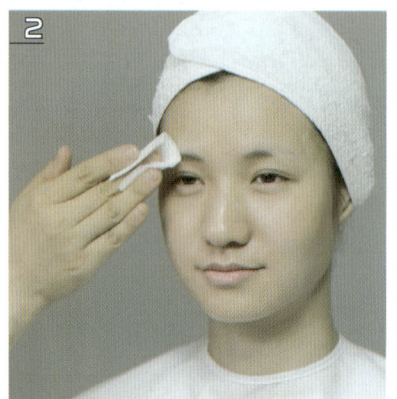

1 메이크업 시작 전 알코올 솜으로 손과 도구를 소독한다.

2 알코올 솜으로 눈썹 주변을 닦아 유분기를 제거한다.

재료 준비
▫ 스프리트 검   ▫ 스파츌라
▫ 알코올 솜   ▫ 면봉
▫ 그린 메이크업 베이스
▫ 메이크업 스펀지

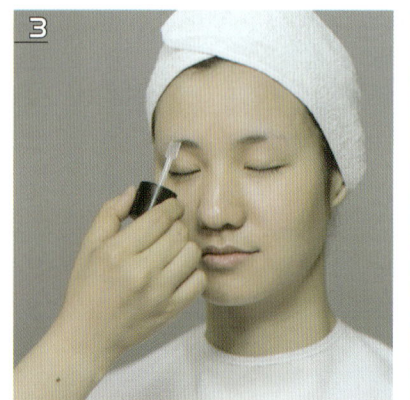
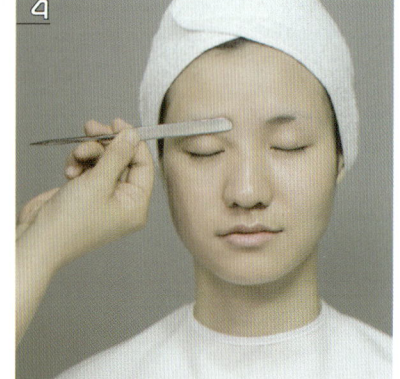

3 스프리트 검을 눈썹 전체에 바른다.

4 스파츌라로 눈썹을 한 번에 눌러 완벽하게 굳힌다. 잔여물이 묻었다면 알코올 솜으로 닦아 낸다.

5 모델의 피부 톤에 적합한 메이크업 베이스를 선택하여 소량으로 얇게 얼굴 전체에 도포한다.

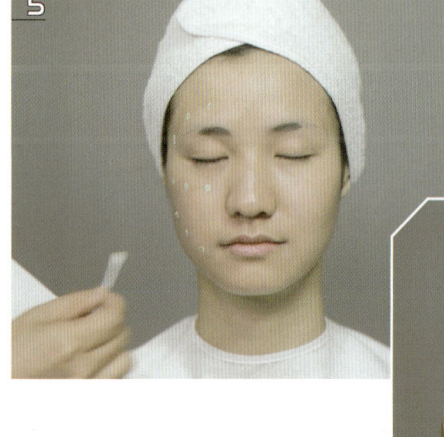

제2과제 시대 메이크업 | 45

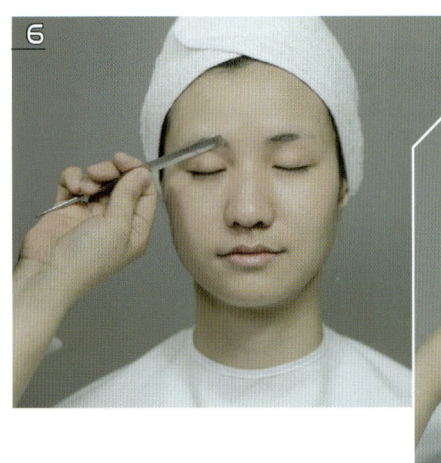

| 재료 준비 | ▫ 라이트 베이지 파운데이션
▫ 스파출라
▫ 퍼프
▫ 포인트 브러시 |

6 스파출라에 크림 파운데이션을 묻혀 스프리트 검을 발라 굳힌 눈썹 위에 얹 듯이 발라 자연 눈썹을 가린다.

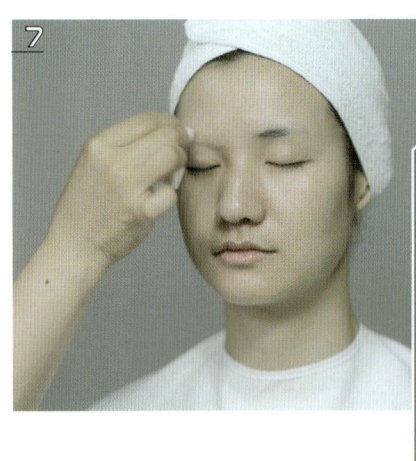
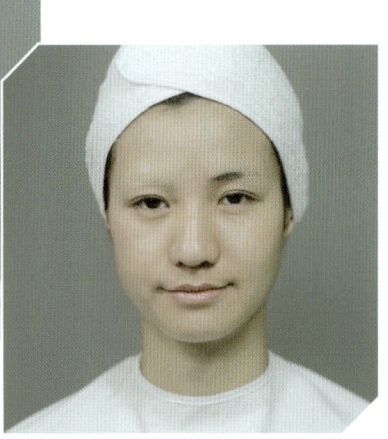

7 메이크업 스펀지로 파운데이션을 터치하여 자연스럽게 정리한다.

8 작은 컨실러 브러시로 커버가 부족한 곳을 한 번 더 터치하고 퍼프로 자연스럽게 정리한다.

9 크림 파운데이션으로 얼굴 전체의 잡티나 커버가 필요한 부분을 바른다.

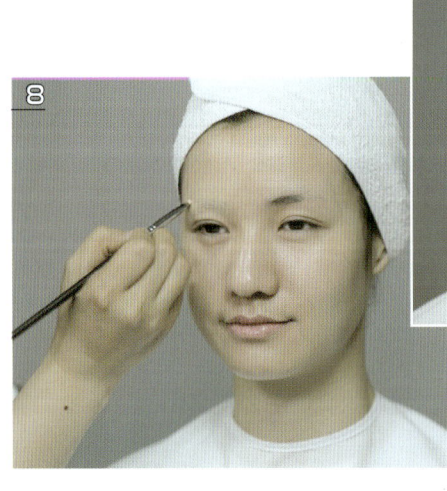
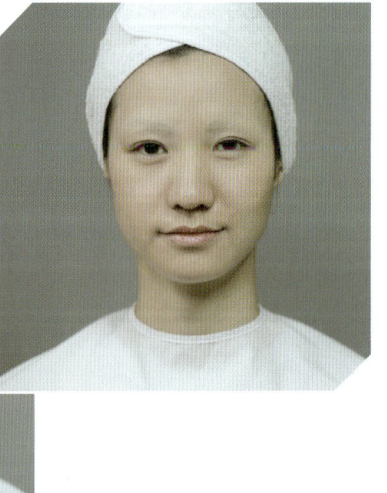
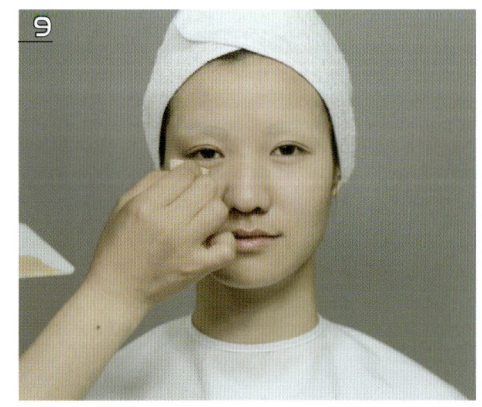

그레타 가르보

재료 준비
- 화이트 크림 파운데이션
- 퍼프
- 다크 브라운 크림 파운데이션
- 파우더 브러시
- 누드 루즈 파우더
- 파우더 퍼프
- 딥 브라운 섀도
- 아이브로 브러시

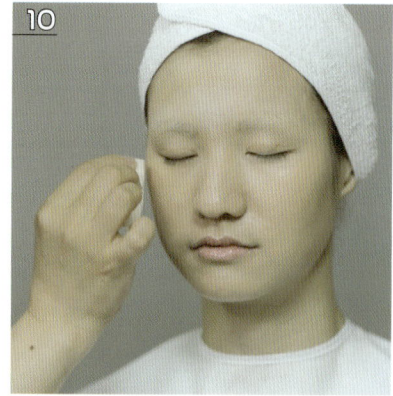
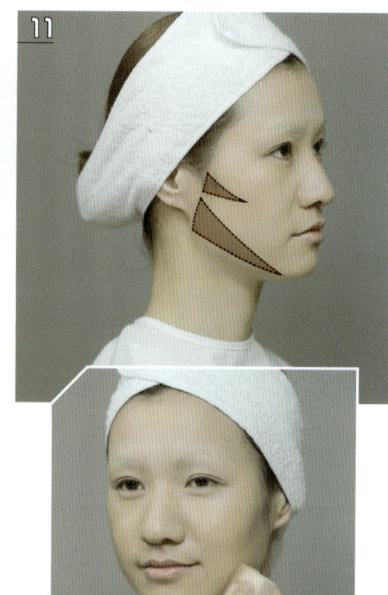

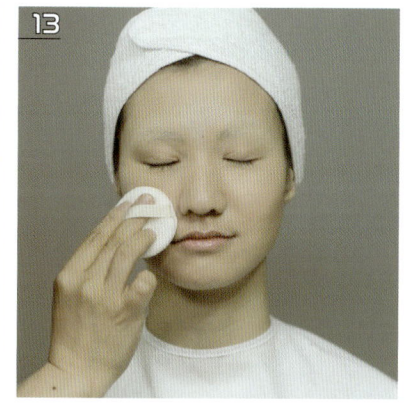
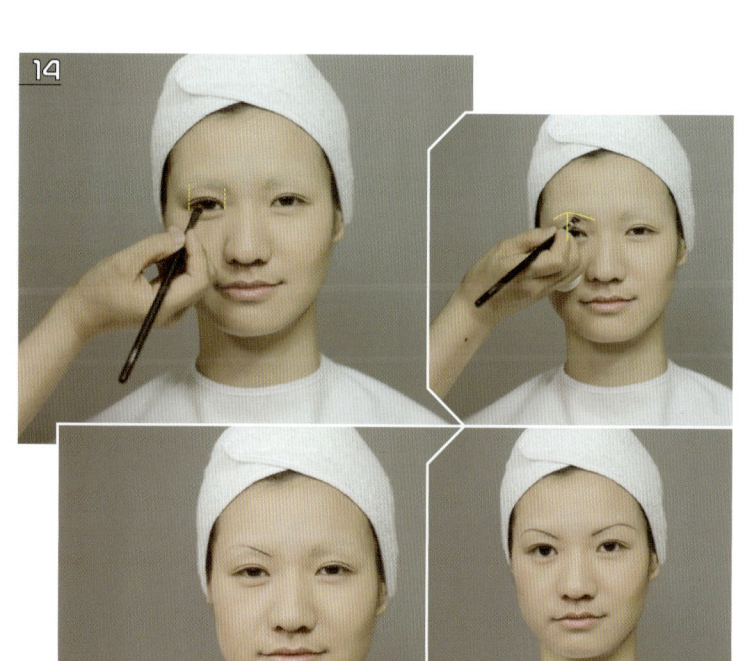

10 화이트 파운데이션으로 얼굴 T존과 눈썹 뼈에 하이라이트 효과를 준다.

11 다크 브라운 크림 파운데이션으로 광대뼈 밑, 턱, 헤어라인에 음영을 주어 입체감을 표현한다. 퍼프에 남은 잔량으로 그라데이션 하여 경계 없이 연결한다.

12 모델의 피부 톤에 맞는 파우더를 선택하여 브러시로 피부에 얹듯 발라 매트하게 연출한다.

13 파우더 퍼프로 한 번 더 눌러 매트한 피부를 표현한다.

14 눈썹은 눈 앞머리를 기준점으로 길고 얇게 그린다. 눈썹 뼈 위로 곡선을 굴리고 시작 부분을 상대적으로 강조한다.

재료 준비
- 사선 브러시
- 딥 브라운 섀도
- 딥 베이지 섀도
- 화이트 섀도
- 면봉
- 블랙 젤 아이라이너

15 모델이 눈을 뜬 상태에서 아이 홀 범위를 체크하고, 화이트 섀도로 눈두덩 가운데 부분이 선명한 발색이 되게 브러시로 얹듯이 바른다.

16 화이트 섀도의 라인을 따라 브라운 섀도를 눈 중앙부터 선명하게 그린다.

17 브러시에 화이트 섀도를 묻혀 그레타 가르보의 특징이 돋보이게 눈썹과 아이 홀 주변을 다시 정리한다.

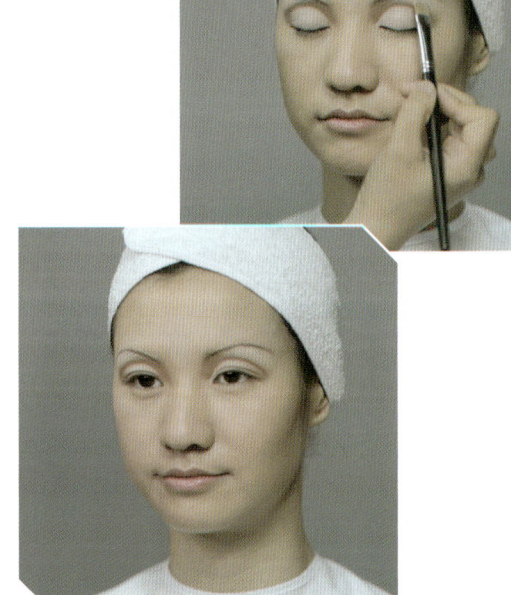

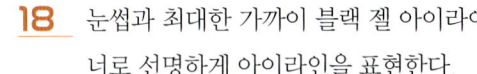

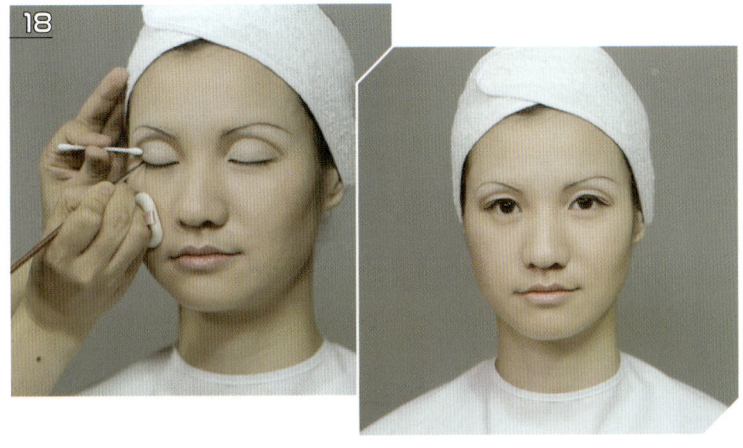

재료 준비

- □ 속눈썹
- □ 면봉
- □ 속눈썹 접착제
- □ 족집게

| □ 뷰러 | □ 브라운 섀도 | □ 블러셔 브러시 | □ 핑크 파우더 |
| □ 파우더 브러시 | □ 레드 립 컬러 | □ 딥 브라운 섀도 | □ 립 브러시 |

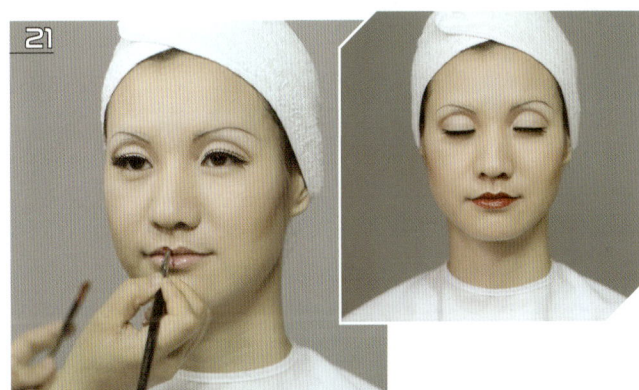

18 눈썹과 최대한 가까이 블랙 젤 아이라이너로 선명하게 아이라인을 표현한다.

19 뷰러로 모델의 자연 속눈썹을 컬링하고, 접착제를 바른 인조 속눈썹을 족집게로 잘 붙인다.

20 치크는 브라운 섀도로 광대뼈 아래에 입꼬리를 바라보며 사선으로 터치한다. 핑크 파우더로 얼굴 전체를 가볍게 터치하며 쓸어내린다.

21 립은 기준점을 잡고 적당한 유분기를 가진 레드 브라운 계열로 인커브 곡선을 그려 채운다.

최종 완성

그레타 가르보 메이크업의 핵심 포인트

- 피부 표현 : 잡티 없이 매트한 연출
- 눈썹 : 커버한 눈썹 위로 얇고 선명하게 아치형으로 표현
- 눈 : 화이트와 브라운 계열의 아이 홀
- 볼 : 레드 브라운 블러셔로 섀딩
- 입술 : 레드 브라운 계열을 인커브로 표현

완성 활용
그레타 가르보 메이크업

제2과제 | 시대 메이크업

세팅 및 소독법

마릴린 먼로

⏰ **시험 시간 : 40분**

유의 사항

1. 모델은 문신(눈썹, 아이라인, 입술 등), 속눈썹 연장 및 메이크업이 되어 있지 않은 상태여야 한다.
2. 스파출라, 속눈썹 가위, 족집게, 눈썹 칼 등의 도구류를 사용 전 소독제로 소독해야 한다.
3. 메이크업 베이스, 파운데이션을 펴 바를 때 스펀지 퍼프 또는 브러시를 사용한다.
4. 아이섀도, 치크, 립 등의 표현 시 브러시 등 적합한 도구를 사용해야 한다.
5. 화장품은 요구 사항에 지정된 제형 외에는 타입에 상관없이 자유롭게 사용한다.

> 마릴린 먼로

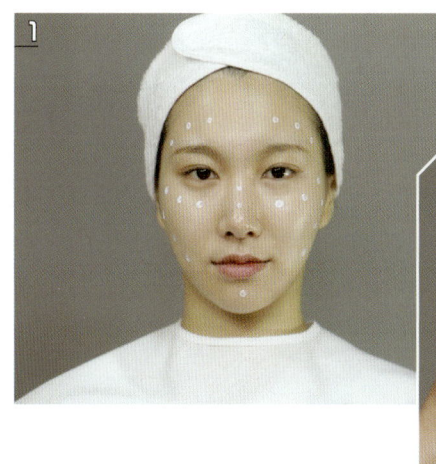

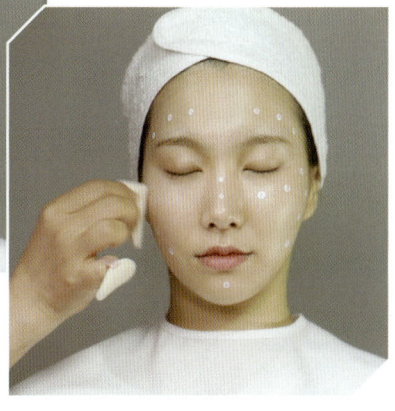

재료 준비
- 핑크 루즈 파우더

- 바이올렛 메이크업 베이스
- 라이트 베이지 리퀴드 파운데이션
- 라이트 브라운 섀도
- 알코올 솜
- 팔레트
- 면봉
- 퍼프
- 로즈 핑크 섀도
- 화이트 섀도
- 파우더 브러시
- 파우더 퍼프

1 과제 시작 전 손과 모든 도구를 소독하고, 모델의 피부 톤에 적합한 메이크업 베이스를 퍼프를 이용해 얇고 고르게 펴 바른다.

2 모델의 피부 톤보다 한 톤 밝은 핑크 파운데이션으로 피부를 표현한다. 한 톤 밝은 베이지 파운데이션에 로즈 핑크 섀도 등을 블렌딩해 화사한 핑크 파운데이션을 만들 수 있다.

3 화이트 섀도로 하이라이트를, 라이트 브라운 섀도로 음영을 주어 얼굴의 입체감을 표현한다.

4 파우더 퍼프에 핑크 루즈 파우더를 묻혀 가볍게 터치하며 매트하게 피부 표현을 완성한다.

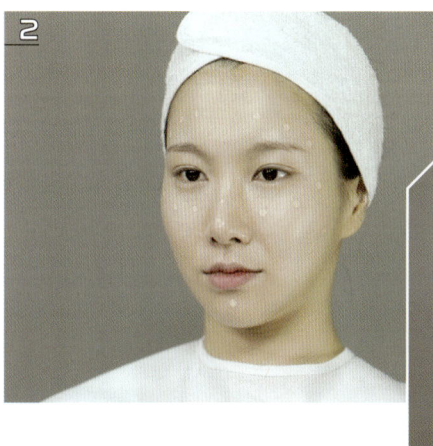

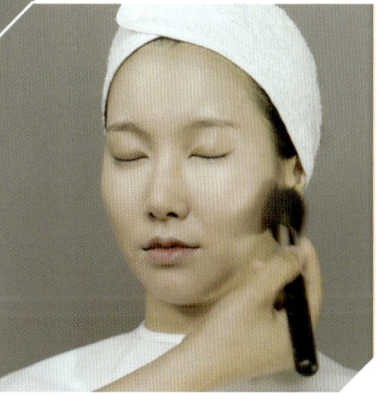

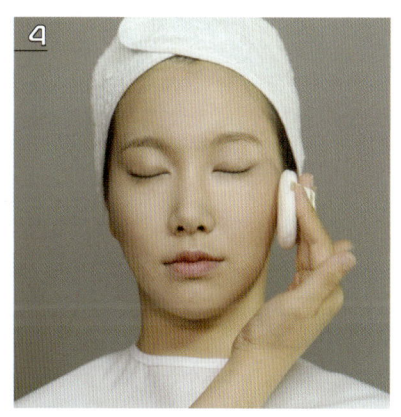

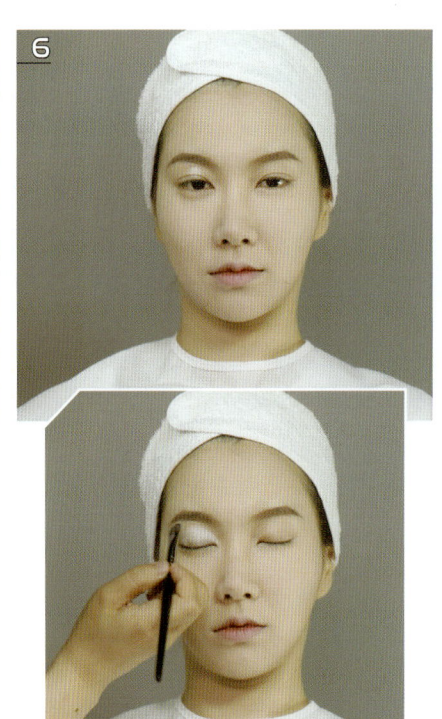
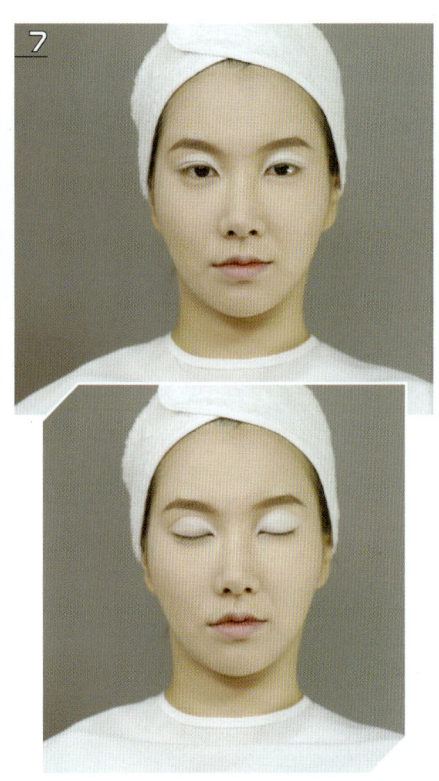

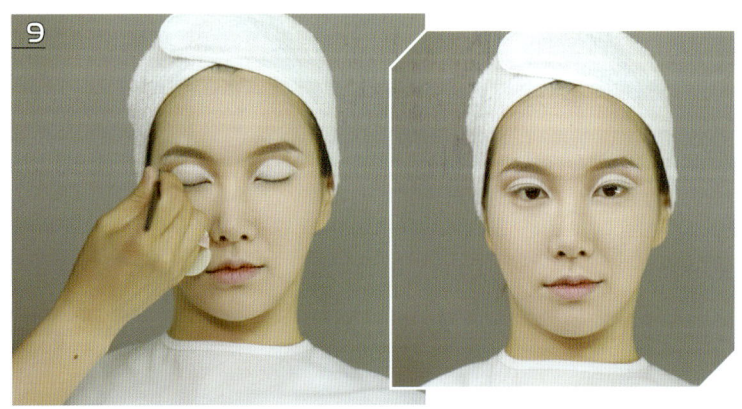

5 눈썹은 브라운 섀도로 미간이 좁지 않게 각진 모양으로 그린다. 눈썹의 2/3 지점에서 산을 만드는 것이 중요하다.

6 눈을 뜬 상태에서 아이 홀의 위치를 확인하고, 화이트 섀도로 체크한 부분을 시작으로 눈 앞머리를 자연스럽게 연결하며 뒤쪽은 처지게 표현한다.

7 체크한 아이 홀의 경계선을 따라 브라운 섀도를 이용하여 선명하게 표현한다.

8 브라운 섀도의 경계를 그라데이션 해 눈꼬리 쪽을 상대적으로 진하게 연출하고, 눈 앞머리는 콧대까지 자연스럽게 연결한다.

9 옅은 페일 핑크 컬러의 섀도를 브라운 섀도 부분에 레이어링하며 자연스럽게 블렌딩 하는 것이 좋다.

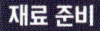
마릴린 먼로

재료 준비　□ 페일 핑크 섀도

□ 다크 브라운 섀도　　□ 화이트 섀도
□ 아이브로 브러시　　□ 블렌딩 브러시
□ 블랙 젤 아이라이너　□ 아이라인 브러시
□ 속눈썹　　□ 면봉　　□ 뷰러
□ 속눈썹 접착제　□ 족집게

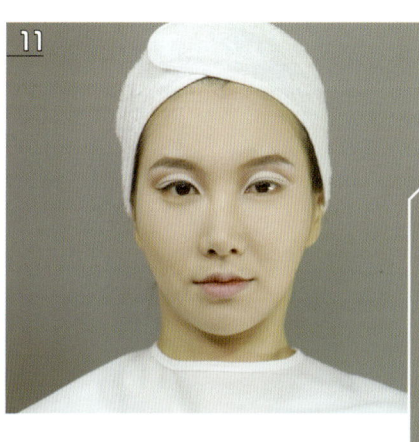

10　브라운 섀도로 언더 삼각 존부터 눈 앞머리까지 연결한다.

11　블랙 젤 아이라이너를 이용해 속눈썹 사이를 메우듯 그리고, 눈꼬리 쪽을 길게 그린다. 속눈썹을 붙인 뒤 눈썹 정리는 한 번 더 한다.

12　뷰러로 자연 속눈썹을 컬링한 뒤, 인조 속눈썹을 눈 길이보다 조금 뒤로 붙여 그윽한 눈매를 연출한다.

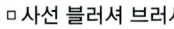

재료 준비
- 핑크 섀도
- 사선 블러셔 브러시
- 립 브러시
- 미디움 레드 립 컬러
- 브라운 콤비 펜슬

13 핑크 블러셔를 광대뼈보다 아래쪽부터 입꼬리를 향해 사선으로 터치한다.

14 립은 적당한 유분기를 가진 레드 계열을 아웃커브로 그린다.

15 마지막으로 마릴린 먼로의 상징인 점을 찍어 메이크업을 완성한다.

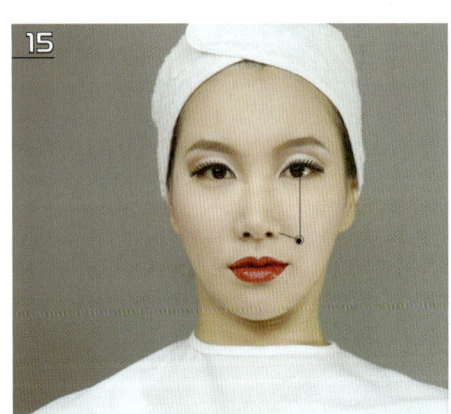

마릴린 먼로

최종 완성

마릴린 먼로 메이크업의 핵심 포인트

- 피부 표현 : 핑크 톤의 피부
- 눈썹 : 브라운 섀도를 이용한 각진 눈썹
- 눈 : 핑크, 브라운 컬러의 눈꼬리가 처진 듯한 아이 홀
- 입술 : 아웃커브로 그린 강렬한 레드 립
- 점 : 눈동자 수직 방향으로 코와 크로스 지점

완성 활용
마릴린 먼로 메이크업

제2과제 시대 메이크업

세팅 및 소독법

트위기

 시험 시간 : 40분

유의 사항

1. 모델은 문신(눈썹, 아이라인, 입술 등), 속눈썹 연장 및 메이크업이 되어 있지 않은 상태여야 한다.
2. 스파출라, 속눈썹 가위, 족집게, 눈썹 칼 등의 도구류를 사용 전 소독제로 소독해야 한다.
3. 메이크업 베이스, 파운데이션을 펴 바를 때 스펀지 퍼프 또는 브러시를 사용한다.
4. 아이섀도, 치크, 립 등의 표현 시 브러시 등 적합한 도구를 사용해야 한다.
5. 화장품은 요구 사항에 지정된 제형 외에는 타입에 상관없이 자유롭게 사용한다.

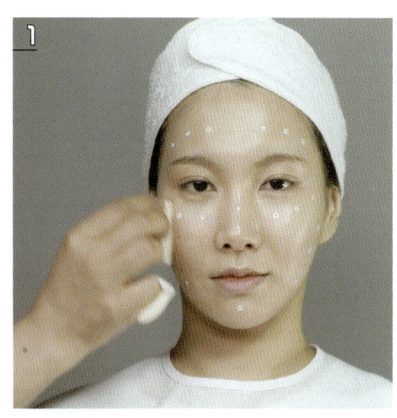

재료 준비
- ☐ 라이트 베이지 크림 파운데이션
- ☐ 라이트 베이지 리퀴드 파운데이션
- ☐ 면봉
- ☐ 메이크업 스펀지
- ☐ 알코올 솜
- ☐ 팔레트
- ☐ 누드 루즈 파우더
- ☐ 바이올렛 메이크업 베이스
- ☐ 파우더 퍼프
- ☐ 아이브로 브러시
- ☐ 미디움 브라운 섀도

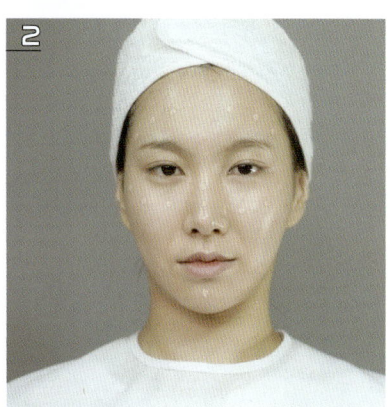
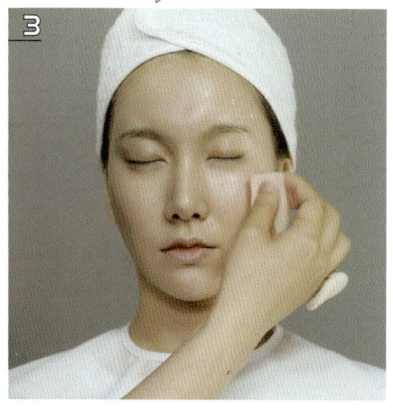
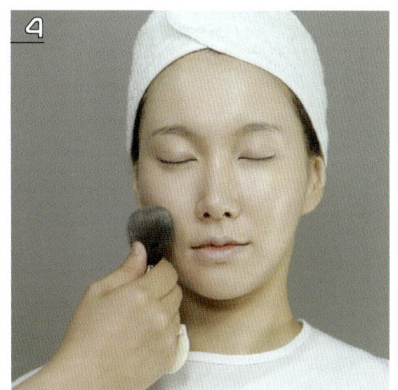
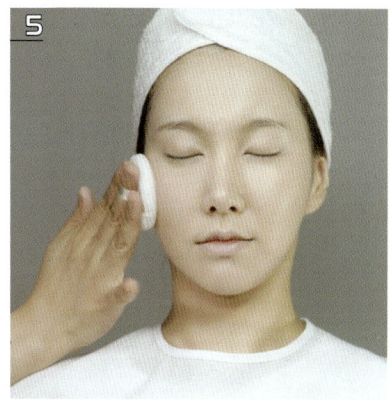
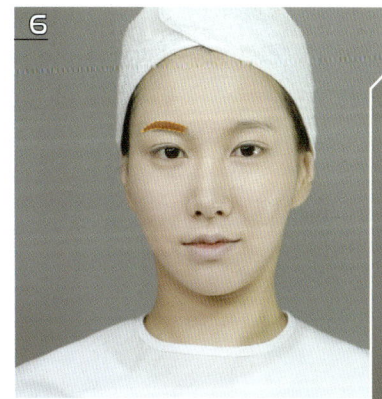
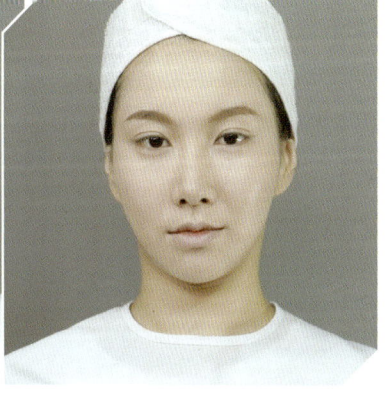

1 과제 시작 전 손과 모든 도구를 소독하고, 모델의 피부 톤에 적합한 메이크업 베이스를 라텍스 스펀지를 이용해 얇고 고르게 펴 바른다.

2 모델의 피부 톤에 맞는 크림 파운데이션과 리퀴드 파운데이션을 1:2로 믹싱하여 얼굴 전체에 도포한다.

3 라텍스 스펀지로 두드려 가볍고 얇게 펴 바른다.

4 누드 루즈 파우더를 가볍게 터치하여 유분을 제거한다.

5 퍼프로 한 번 더 발라 매트한 피부를 표현한다.

6 자연스러운 브라운 컬러로 짧고 각진 눈썹을 그린다.

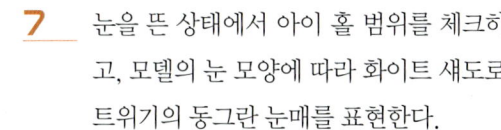

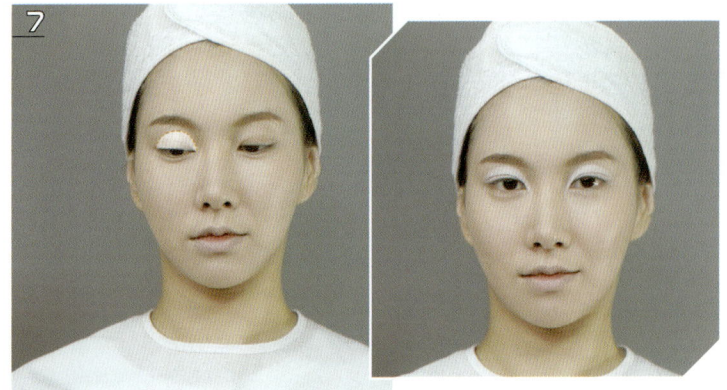

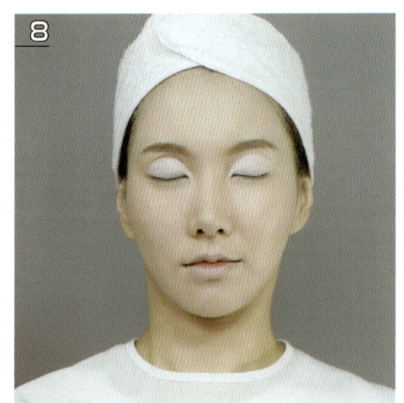

7. 눈을 뜬 상태에서 아이 홀 범위를 체크하고, 모델의 눈 모양에 따라 화이트 섀도로 트위기의 동그란 눈매를 표현한다.

8. 아이 홀의 화이트 섀도 경계를 따라 브라운 섀도로 라인을 그린다.

9. 아이 홀 경계선 위로 눈 앞머리와 눈꼬리 위쪽으로 그라데이션 하여 눈에 깊이를 부여한다.

10. 아이섀도 브러시에 화이트 섀도를 묻혀 눈썹 뼈를 터치, 하이라이트 효과를 준다.

11. 페일 핑크 아이섀도를 아이 홀 중간부터 레이어링하여 핑크빛이 감도는 자연스러운 아이 홀을 표현한다.

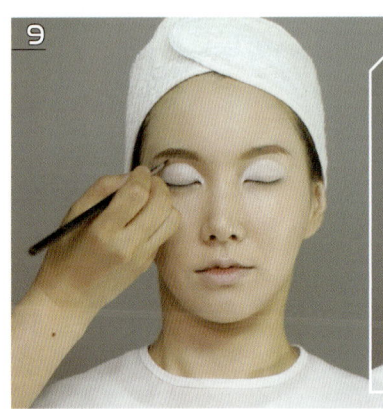
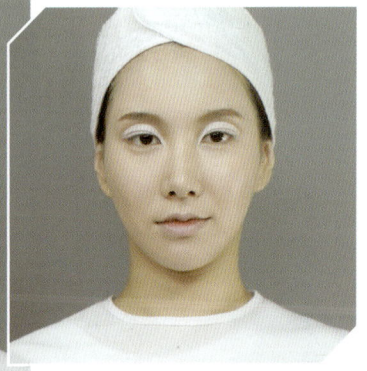

재료 준비
- 화이트 섀도
- 딥 브라운 섀도
- 페일 핑크 섀도
- 아이섀도 브러시
- 사선 브러시
- 블렌딩 브러시

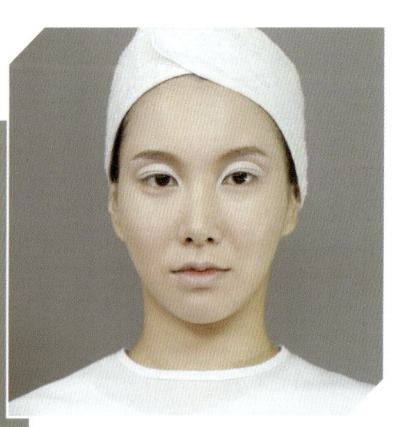

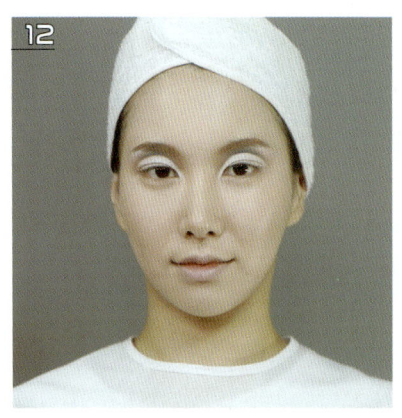

재료 준비

☐ 코발트 블루 섀도 ☐ 네이비 섀도 ☐ 블랙 젤 아이라이너

☐ 미디움 브라운 섀도 ☐ 사선 브러시 ☐ 면봉
☐ 아이라인 브러시 ☐ 마스카라 ☐ 뷰러
☐ 속눈썹 ☐ 족집게 ☐ 립 브러시
☐ 속눈썹 접착제 ☐ 라이트 브라운 섀도
☐ 사선 블러셔 브러시 ☐ 화이트 섀도
☐ 파우더 브러시 ☐ 베이지 핑크 립

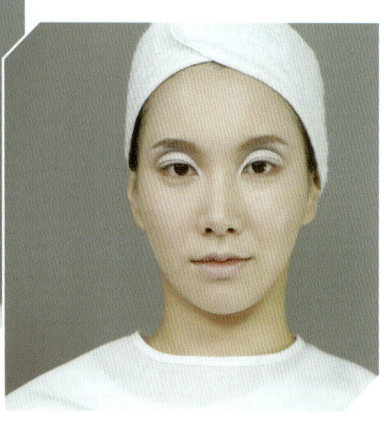

12 네이비 컬러로 눈 중앙부터 아이 홀 경계 사이를 그리고, 브라운 섀도와 자연스럽게 연결되도록 그라데이션 한다.

13 코발트 블루 컬러를 아이 홀 부분에 한 번 더 터치하여 자연스럽게 그라데이션 한다.

14 브라운 컬러로 언더 삼각 존부터 시작하여 눈 앞머리까지 연결하여 자연스러운 음영을 표현한다.

15 아이라인은 선명하게 그리고 도면과 같이 눈꼬리가 약간 처진 모양으로 표현한다.

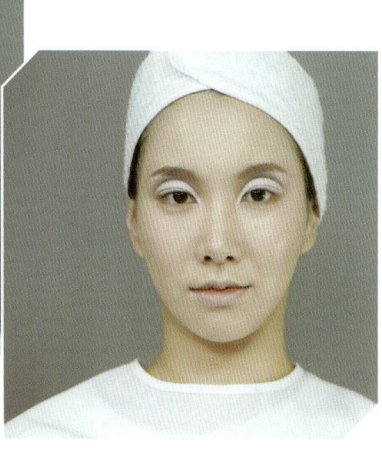
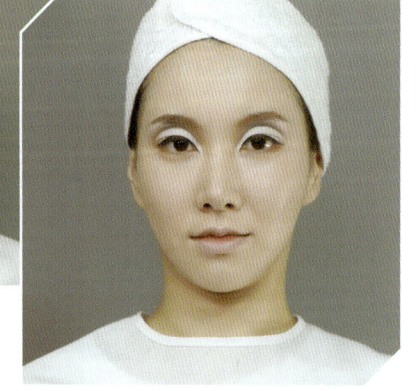

> 트위기

16 뷰러로 자연 속눈썹을 컬링하여 마스카라를 바른 뒤, 인조 속눈썹을 아이라인에 맞춰 붙인다.

17 도면과 같이 과장된 속눈썹 표현을 위해 블랙 젤 아이라이너로 언더라인을 따라 인위적인 속눈썹을 그린다. 일정 간격의 큰 속눈썹을 먼저 그리고 사이사이 작은 속눈썹을 그려 채운다.

18 치크는 핑크나 라이트 브라운 계열을 애플 존 위치에 둥근 느낌으로 발라 그라데이션 한다.

19 화이트 섀도로 얼굴 전체를 가볍게 터치하여 정리한다.

20 립은 베이지 핑크 계열로 라인을 자연스럽게 발라 마무리한다.

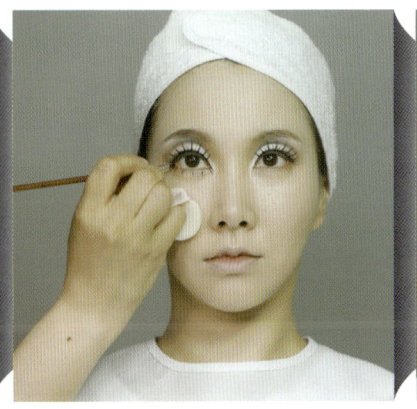
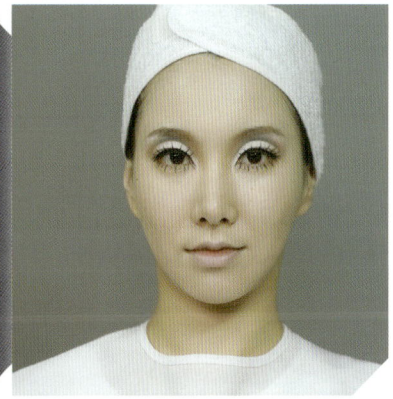

최종 완성

트위기 메이크업의 핵심 포인트

- 피부 표현 : 자연스러운 피부 표현
- 눈썹 : 짧고 각진 눈썹
- 눈 : 동그랗고 선명한 아이 홀, 과장된 속눈썹
- 볼 : 라이트 브라운 섀도를 둥글리며 터치
- 입술 : 베이지 핑크 립으로 자연스럽게 발라 마무리

완성 활용
트위기 메이크업

제2과제 시대 메이크업

세팅 및 소독법

 시험 시간 : 40분

펑크

유의 사항

1. 모델은 문신(눈썹, 아이라인, 입술 등), 속눈썹 연장 및 메이크업이 되어 있지 않은 상태여야 한다.
2. 스파출라, 속눈썹 가위, 족집게, 눈썹 칼 등의 도구류를 사용 전 소독제로 소독해야 한다.
3. 메이크업 베이스, 파운데이션을 펴 바를 때 스펀지 퍼프 또는 브러시를 사용한다.
4. 아이섀도, 치크, 립 등의 표현 시 브러시 등 적합한 도구를 사용해야 한다.
5. 화장품은 요구 사항에 지정된 제형 외에는 타입에 상관없이 자유롭게 사용한다.

> 펑크

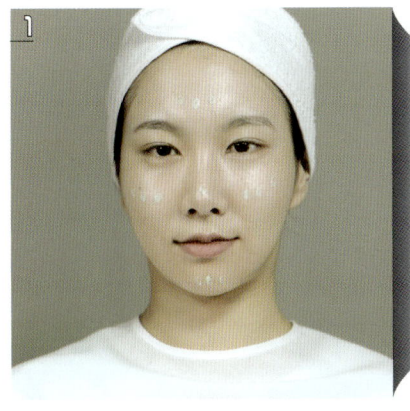
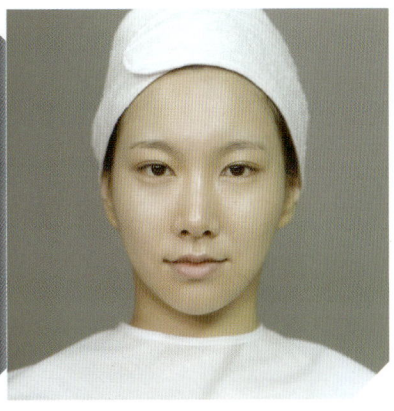

재료 준비 □ 누드 루즈 파우더

□ 알코올 솜   □ 그린 메이크업 베이스
□ 메이크업 스펀지 □ 화이트 크림 파운데이션
□ 스파출라   □ 팔레트   □ 면봉
□ 파우더 브러시   □ 파우더 퍼프
□ 라이트 베이지 리퀴드 파운데이션

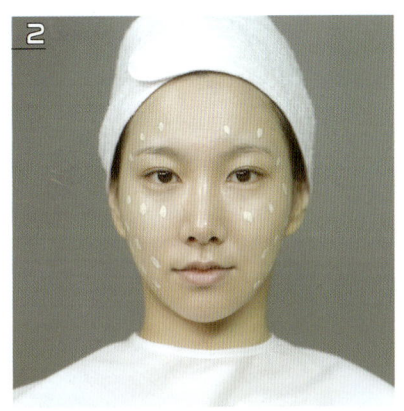

1 과제 시작 전 손과 모든 도구를 소독하고, 모델의 피부 톤에 적합한 메이크업 베이스를 라텍스 스펀지를 이용해 얇게 소량 펴 바른다.

2 크림 파운데이션을 사용하여 피부를 창백하게 표현해야 한다. 화이트 크림 파운데이션과 라이트 베이지 리퀴드 파운데이션을 믹싱하여 사용한다.

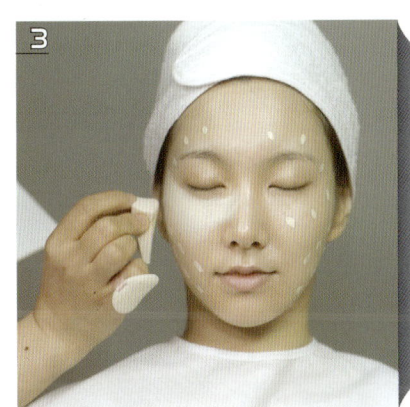
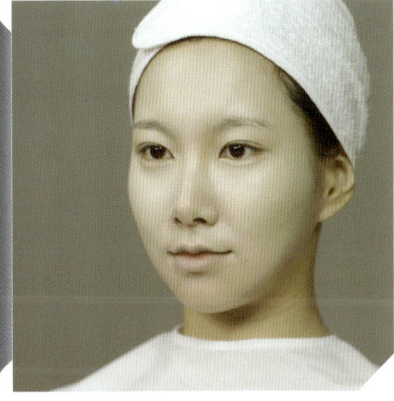

3 라텍스 스펀지에 충분히 파운데이션을 묻혀 꼼꼼히 바른다.

4 브러시에 가루 파우더를 묻혀 피부에 얹듯 눌러 가며 매트하게 피부를 표현하고, 파우더 퍼프로 한 번 더 뽀송뽀송하게 마무리한다.

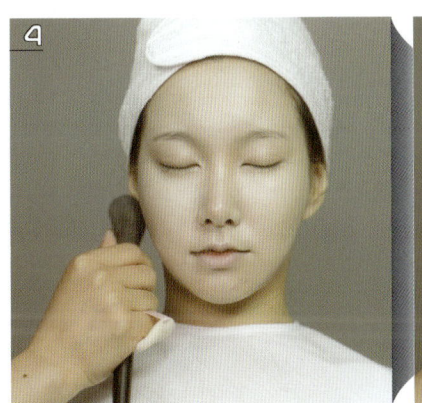

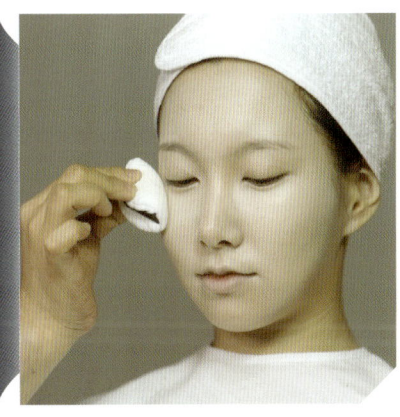

제2과제 시대 메이크업 | 67

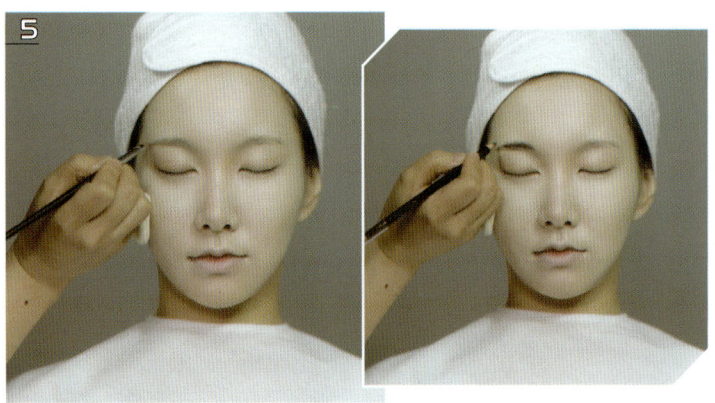

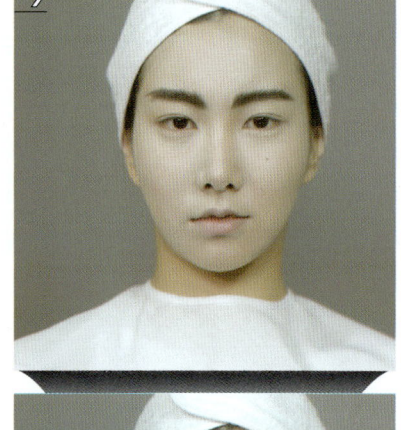

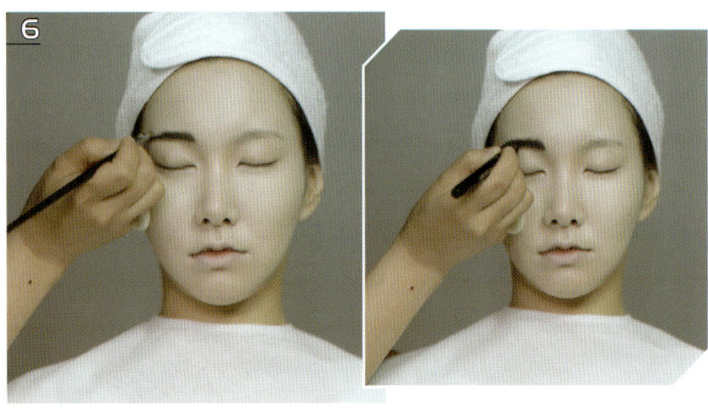

| 재료 준비 | □ 라이트 브라운 섀도 | □ 화이트 섀도 | □ 블랙 섀도 | □ 아이라인 브러시 |

   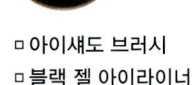

□ 사선 브러시 □ 화이트 펜슬 □ 아이섀도 브러시
□ 블랙 아이브로 콤비 펜슬 □ 블랙 리퀴드 아이라이너 □ 블랙 젤 아이라이너

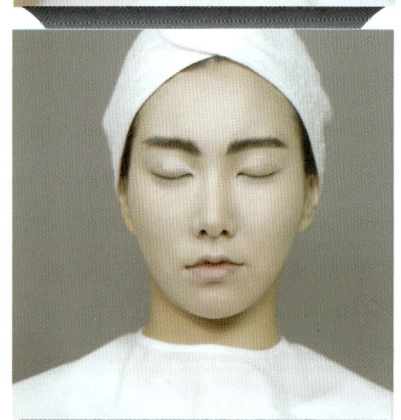

5 눈썹은 결을 강조하여 짙고 강하게 표현해야 하므로, 먼저 연한 브라운 섀도로 밑그림을 그린다. 그 뒤 블랙 아이브로펜슬로 밑그림을 따라 도면과 같이 한 올 한 올 결을 살려 표현한다.

6 아이브로 브러시에 브라운 섀도를 묻혀 펜슬 사이를 메우며 올을 정돈한다. 좀더 세밀한 눈썹 작업을 위해 붓 펜 라이너를 이용하여 한 번 더 그려 주는 것도 좋다.

7 화이트, 베이지, 그레이, 블랙 등의 컬러를 이용하여 아이 홀을 강하게 표현해야 한다. 화이트 펜슬로 아이 홀 범위를 먼저 그리고, 화이트 섀도를 얹듯 넓게 바른 뒤, 베이지 컬러로 콧대 앞쪽까지 연결하여 음영을 준다.

> 펑크

8 블랙으로 아이라인을 그리고 C자에 가깝게 콕콕 찍어 아이 홀을 채운 뒤, 마지막으로 아이 홀 경계 부분에 라인을 그린다.

9 그레이 색상은 눈을 감은 상태에서 앞쪽의 화이트 섀도와 뒤쪽의 블랙 섀도 부분이 자연스럽게 섞이며 표현될 수 있다.

10 언더는 블랙 섀도로 눈 모양을 따라 뒤쪽부터 선명하게 그리고, 젤 아이라이너로 인위적인 속눈썹을 눈꼬리 끝 라인을 따라 그린다.

11 눈꼬리의 인위적인 속눈썹 라인의 간격에 맞게 짙고 선명한 4가닥의 속눈썹을 그려 아이 메이크업을 마무리한다.

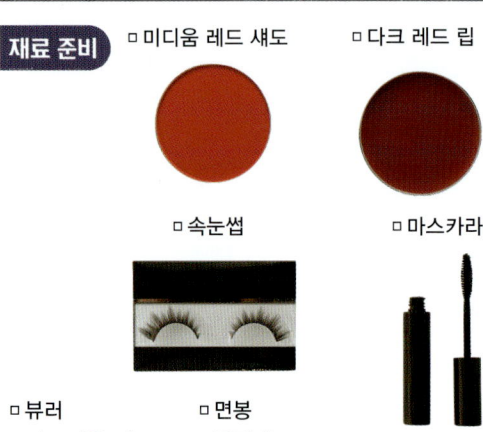

재료 준비	▫ 미디움 레드 섀도	▫ 다크 레드 립
	▫ 속눈썹	▫ 마스카라

▫ 뷰러　　　▫ 면봉
▫ 딥 브라운 섀도　▫ 족집게
▫ 속눈썹 접착제　▫ 블러셔 브러시
▫ 화이트 섀도　▫ 사선 섀딩 브러시
▫ 립 브러시

12 뷰러로 컬링하고 마스카라로 컬링된 속눈썹을 지그재그로 발라 고정한다. 그 뒤 아이라인을 따라 인조 속눈썹을 잘 붙인다.

13 치크는 레드와 브라운을 믹싱한 레드 브라운 색으로 사선을 그리듯 강하게 표현한다.

14 립 브러시로 입술 가운데 기준을 잡고 검붉은 색을 이용하여 입술 라인을 선명하게 바른다.

펑크

최종 완성

펑크 메이크업의 핵심 포인트

- 피부 표현 : 창백한 피부 톤
- 눈썹 : 진하게 살아 있는 눈썹 결
- 눈 : 화이트, 그레이, 블랙, 브라운으로 그라데이션
- 볼 : 레드 브라운으로 긴장감 있는 사선 처리
- 입술 : 검붉은 컬러로 입술 라인을 선명하게 표현

펑크 메이크업

제3과제 캐릭터 메이크업

세팅 및 소독법

시험 시간 : 50분

레오파드

유의 사항

1_ 모델은 문신(눈썹, 아이라인, 입술 등), 속눈썹 연장 및 메이크업이 되어 있지 않은 상태여야 한다.
2_ 스파출라, 속눈썹 가위, 족집게, 눈썹 칼 등의 도구류를 사용 전 소독제로 소독해야 한다.
3_ 메이크업 베이스, 파운데이션을 펴 바를 때 스펀지 퍼프 또는 브러시를 사용한다.
4_ 아이섀도, 치크, 립 등의 표현 시 브러시 등 적합한 도구를 사용해야 한다.
5_ 화장품은 요구 사항에 지정된 제형 외에는 타입에 상관없이 자유롭게 사용한다.

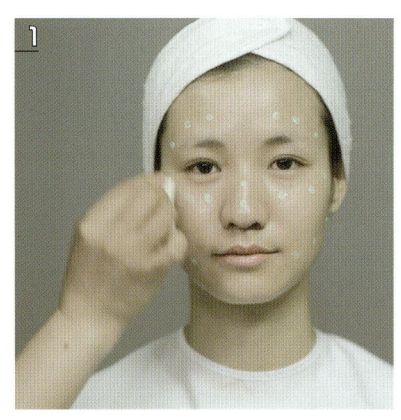 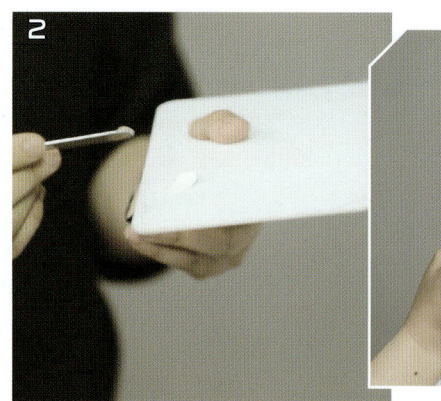 
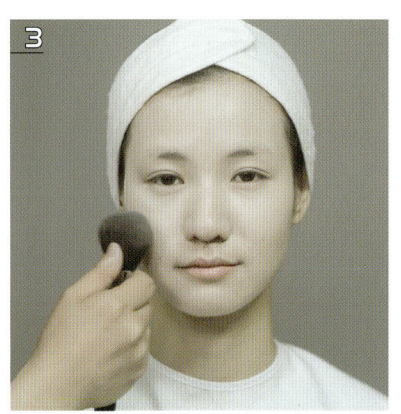  

재료 준비
- 알코올 솜
- 팔레트
- 화이트 섀도
- 메이크업 스펀지
- 스파츌라
- 파우더 브러시
- 화이트 파우더
- 아이섀도 브러시

 라이트 베이지 크림 파운데이션　 화이트 크림 파운데이션　 그린 메이크업 베이스　 화이트 펜슬

1 메이크업 시작 전 손과 사용할 도구를 소독하고, 모델의 피부 톤에 맞는 메이크업 베이스를 바른다.

2 파운데이션은 화이트 크림 파운데이션과 라이트 베이지 크림 파운데이션을 섞어 모델의 피부 톤보다 밝게 연출한다.

3 파우더는 브러시를 이용하여 꼼꼼하게 발라 매트하게 피부 표현을 마무리한다.

4 눈을 뜬 상태에서 화이트 펜슬로 도면과 같이 레오파드 문양의 밑그림을 먼저 그린다. 언더라인에 열린 앞트임이 포인트이다.

5 도면대로 화이트 섀도를 얹듯이 발라 화이트 라인 안쪽을 채운다.

> 레오파드

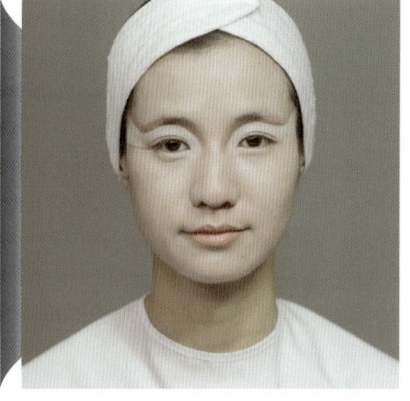
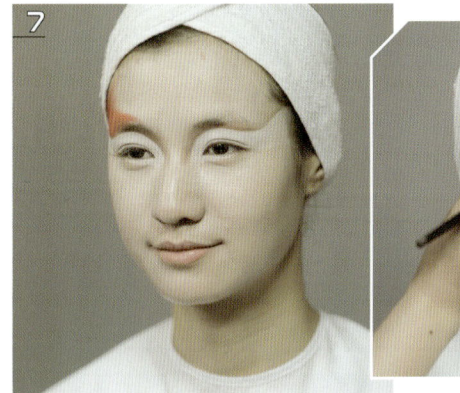

재료 준비 ▫사선 브러시 ▫아이섀도 브러시
▫비비드 오렌지 섀도 ▫비비드 옐로 섀도 ▫브라운 섀도

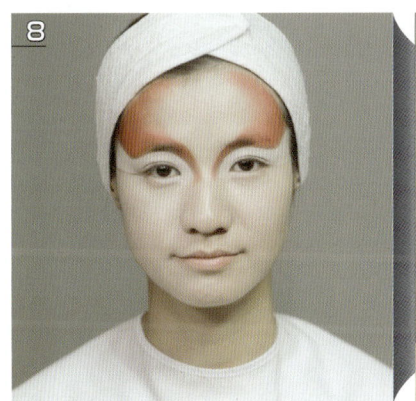

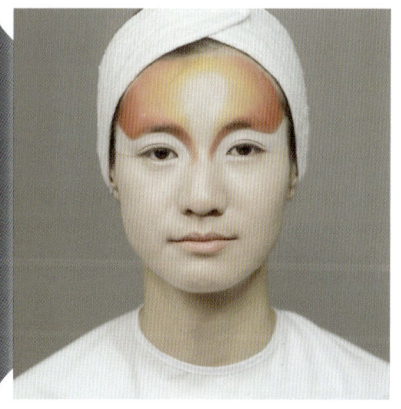

6 화이트 섀도의 경계를 따라 브라운 섀도로 가이드라인을 그리고, 자연스럽게 그라데이션 한다.

7 브러시를 이용해 오렌지 계열의 아이섀도로 패턴을 그린다.

8 옐로 컬러로 이마의 중심을 기준으로 양쪽 오렌지 섀도 라인을 따라 경계가 없도록 그라데이션 하고, 도면과 같이 채운다.

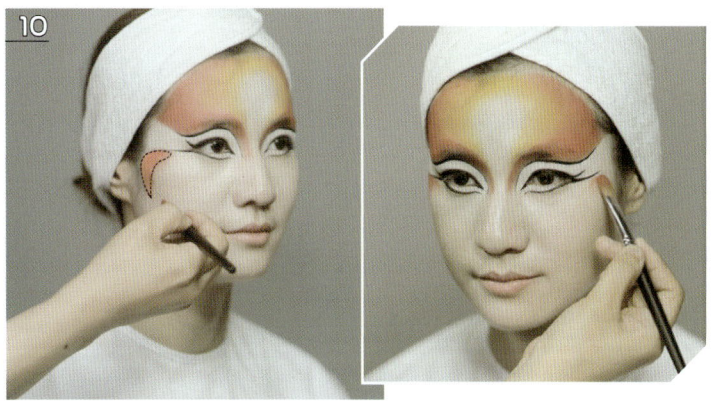

재료 준비
- 블랙 젤 아이라이너
- 버건디 레드 립
- 블랙 붓펜 아이라이너

- 아이라인 브러시
- 비비드 옐로 아이섀도
- 화이트 펄 섀도
- 속눈썹
- 속눈썹 접착제
- 립 브러시
- 아이섀도 브러시
- 하이라이트 브러시
- 족집게
- 비비드 오렌지 아이섀도

9 블랙 아이라이너로 화이트 섀도의 아이 홀 주변에 라인을 그린다. 이때 붓 펜 라이너를 이용하여 눈 앞머리를 날카롭게 빼어 상승형의 아이라인을 그리는 것이 중요하다.

10 치크는 가이드라인을 따라 광대를 감싸 C 모양으로 오렌지 섀도를 얹듯이 발색한다.

11 이마와 같은 방법으로 옐로 섀도로 오렌지 섀도의 경계에 주의하며 발색한다.

> 레오파드

12 미세한 펄이 가미된 화이트 섀도로 도면의 흰 부분을 밝게 표현한다.

13 두께감이 있는 붓 펜 라이너나 아쿠아 컬러로 선명하게 레오파드 무늬를 그린다. 관자놀이에서 눈썹으로 갈수록 큰 무늬에서 작은 무늬로 점진적인 형태를 갖도록 한다.

14 인조 속눈썹은 미리 풀을 묻혀 약간 말린 뒤 눈썹 앞머리부터 붙인다.

15 립은 버건디 레드 컬러로 모델의 입술에서 구각을 강조한 인커브로 표현한다.

최종 완성

레오파드 메이크업의 핵심 포인트

- 피부 표현 : 창백하고 매트한 오렌지와 옐로 컬러의 레오파드 색상 표현
- 눈 : 물고기 모양의 라인과 스퀘어 모양의 상승형 아이라인
- 패턴 : 점진적인 레오파드 무늬
- 입술 : 버건디 레드 컬러를 구각을 강조한 인커브로 표현

완성 활용
레오파드 메이크업

제3과제 캐릭터 메이크업

제3과제 캐릭터 메이크업

세팅 및 소독법

시험 시간 : 50분

한국 무용

유의 사항

1. 모델은 문신(눈썹, 아이라인, 입술 등), 속눈썹 연장 및 메이크업이 되어 있지 않은 상태여야 한다.
2. 스파출라, 속눈썹 가위, 족집게, 눈썹 칼 등의 도구류를 사용 전 소독제로 소독해야 한다.
3. 메이크업 베이스, 파운데이션을 펴 바를 때 스펀지 퍼프 또는 브러시를 사용한다.
4. 아이섀도, 치크, 립 등의 표현 시 브러시 등 적합한 도구를 사용해야 한다.
5. 화장품은 요구 사항에 지정된 제형 외에는 타입에 상관없이 자유롭게 사용한다.

> 한국 무용

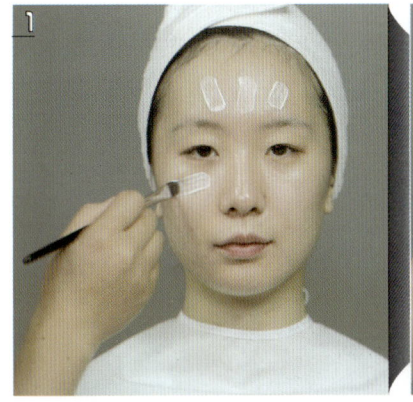
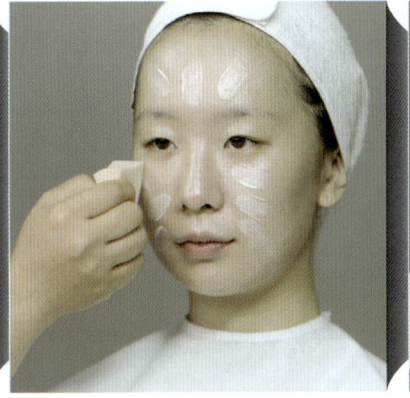
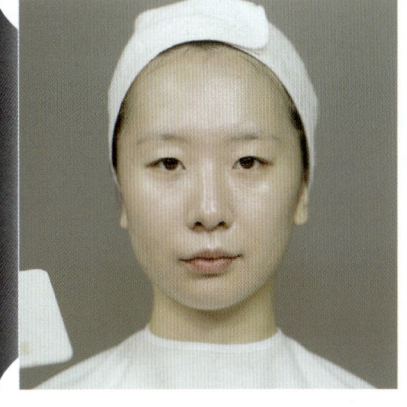
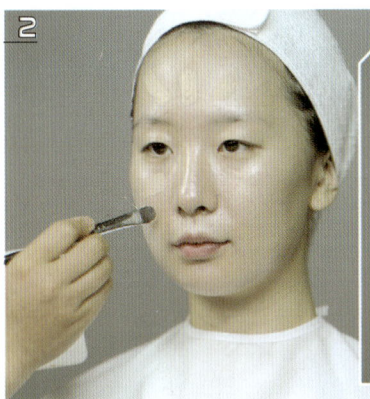

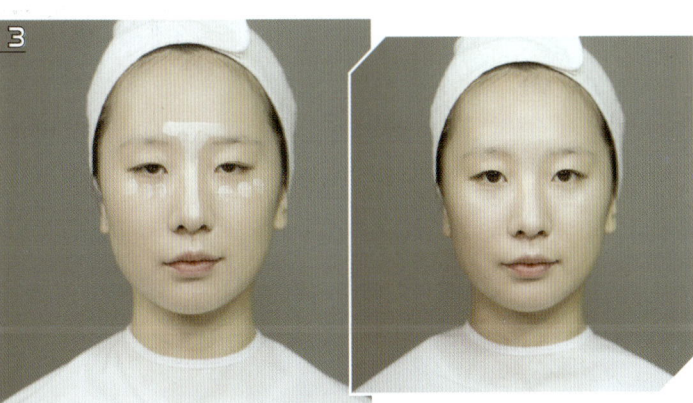
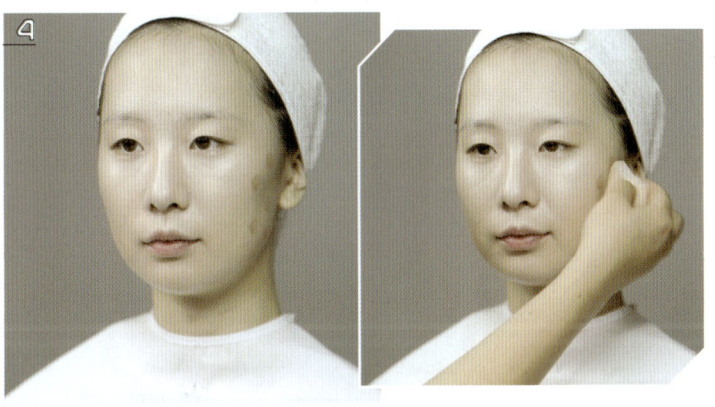

| 재료 준비 | □ 화이트 크림 파운데이션 | □ 다크 브라운 파운데이션 | □ 화이트 펄 베이스 |

□ 라이트 베이지 크림 파운데이션 □ 손소독제
□ 알코올 솜
□ 메이크업 스펀지
□ 파운데이션 브러시

1 메이크업 시작 전 손과 도구를 소독한다. 한국 무용 메이크업의 핵심은 화사한 피부 표현이므로 화이트 펄로 메이크업 베이스를 한다.

2 파운데이션은 모델의 피부 톤보다 한 톤 밝은 라이트 베이지를 선택하여 얇게 펴 바른다.

3 T존과 C존에 화이트 크림 파운데이션을 사용하여 하이라이트 한다.

4 양 볼 부분에 한 톤 어두운 파운데이션으로 섀딩하여 뚜렷하고 입체감 있게 윤곽 표현을 한다. 스펀지로 원하는 부위에 섀딩이 잘되도록 고르게 블렌딩한다.

제3과제 캐릭터 메이크업 | 81

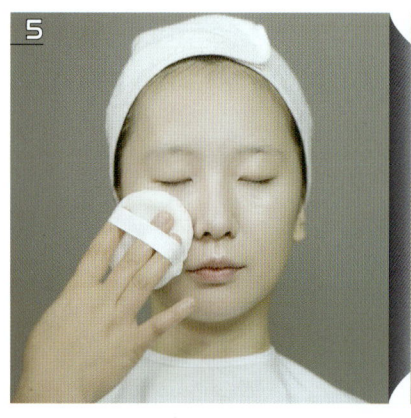
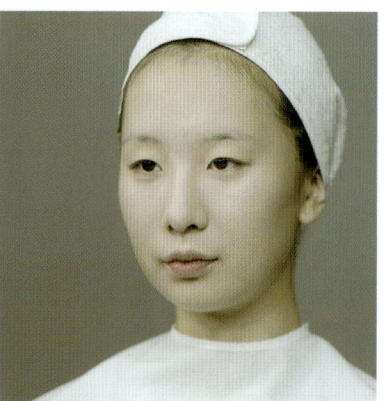

| 재료 준비 | □ 핑크 파우더 | □ 비비드 레드 섀도 |

□ 미디움 퍼플 섀도　□ 블랙 붓펜 아이라이너　□ 브라운·블랙 콤비 펜슬

□ 파우더 퍼프　□ 아이브로 브러시　□ 마스카라
□ 아이섀도 브러시　□ 화이트 펄 섀도　□ 뷰러
□ 페일 핑크 섀도　□ 속눈썹 접착제　□ 속눈썹
□ 족집게　□ 면봉

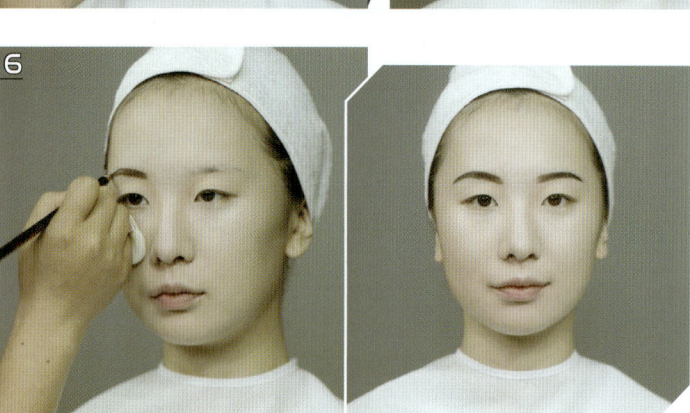

5 핑크 파우더로 얼굴의 유분을 제거하여 화사하고 매트하게 표현한다.

6 눈썹은 브라운색으로 시작하여 블랙으로 자연스럽게 연결되도록 표현한다. 도면과 같이 부드러운 곡선의 동양적인 눈썹 표현이 중요하다.

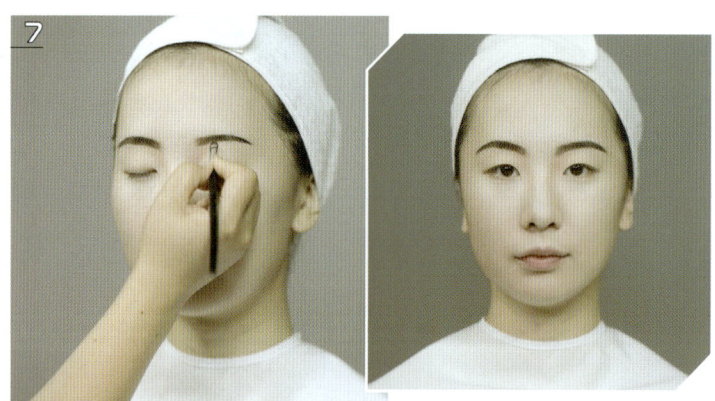

7 아이브로 브러시로 눈썹을 블렌딩하여 부드럽게 표현한다.

8 눈썹 뼈에 흰색 섀도로 하이라이트를 주어 입체감 있는 눈매를 연출한다.

9 연한 핑크 아이섀도로 눈두덩 전체를 베이스 처리한다.

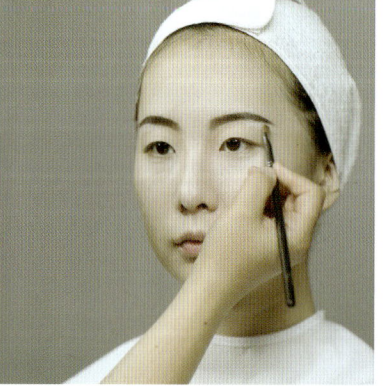
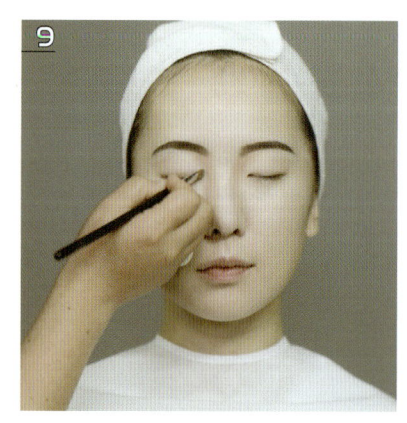

> 한국 무용

10 눈꼬리 부분과 언더라인은 마젠타 컬러로 포인트를 주고, 도면과 같이 상승형으로 그린다. 마젠타 컬러는 레드와 퍼플을 믹싱하여 만들 수 있다.

11 블랙 아이라이너로 언더까지 연결하여 도면과 같이 그린다.

12 리퀴드 라이너로 그리기 힘든 눈 앞꼬리 쪽은 펜슬을 이용하여 날카롭게 표현할 수 있다.

13 뷰러로 자연 속눈썹을 컬링하고, 마스카라 후 블랙의 짙은 인조 속눈썹을 끝부분이 처지지 않게 상승형으로 붙인다.

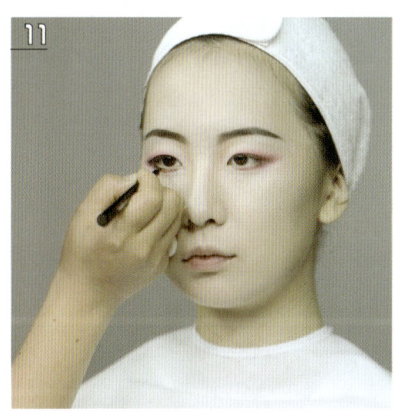
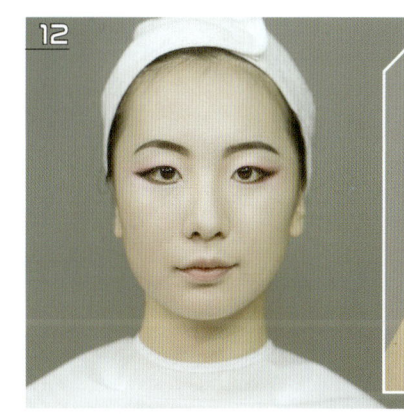

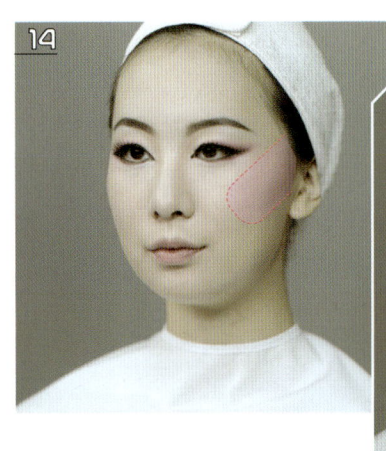
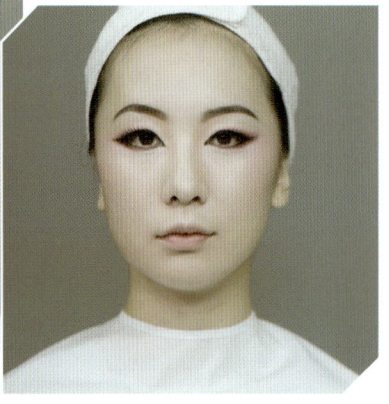

재료 준비
- 핑크 레드 컬러 립
- 레드 립 라이너
- 핑크 블러셔
- 블러셔 브러시
- 립 브러시
- 블랙 펜슬
- 사선 브러시

14 치크는 핑크색으로 광대뼈를 감싸듯 화사하게 표현한다.

15 립은 레드 컬러의 라이너를 이용하여 안쪽으로 그라데이션 하고, 핑크가 가미된 레드 컬러로 블렌딩한다.

16 블랙 펜슬이나 블랙 아이라이너로 귀밑머리를 자연스럽게 그려 도면과 같이 메이크업을 완성한다.

한국 무용

최종 완성

한국 무용 메이크업의 핵심 포인트

- 피부 표현 : 화사하고 매트하게 표현
- 눈썹 : 브라운과 블랙 컬러로 동양적인 둥근 모양 표현
- 눈 : 핑크와 마젠타 컬러로 포인트
- 치크 : 핑크 컬러로 광대뼈에서 사선으로 표현
- 입술 : 립 라이너를 이용한 레드 컬러의 그라데이션

제3과제 캐릭터 메이크업

세팅 및 소독법

발레

 시험 시간 : 50분

유의 사항

1_ 모델은 문신(눈썹, 아이라인, 입술 등), 속눈썹 연장 및 메이크업이 되어 있지 않은 상태여야 한다.
2_ 스파출라, 속눈썹 가위, 족집게, 눈썹 칼 등의 도구류를 사용 전 소독제로 소독해야 한다.
3_ 메이크업 베이스, 파운데이션을 펴 바를 때 스펀지 퍼프 또는 브러시를 사용한다.
4_ 아이섀도, 치크, 립 등의 표현 시 브러시 등 적합한 도구를 사용해야 한다.
5_ 화장품은 요구 사항에 지정된 제형 외에는 타입에 상관없이 자유롭게 사용한다.

재료 준비	□ 알코올 솜	□ 그린 메이크업 베이스
	□ 팔레트	□ 면봉
	□ 라이트 베이지 크림 파운데이션	
	□ 화이트 크림 파운데이션	
	□ 라텍스 스펀지	□ 핑크 파우더
	□ 다크 브라운 크림 파운데이션	
	□ 파우더 브러시	

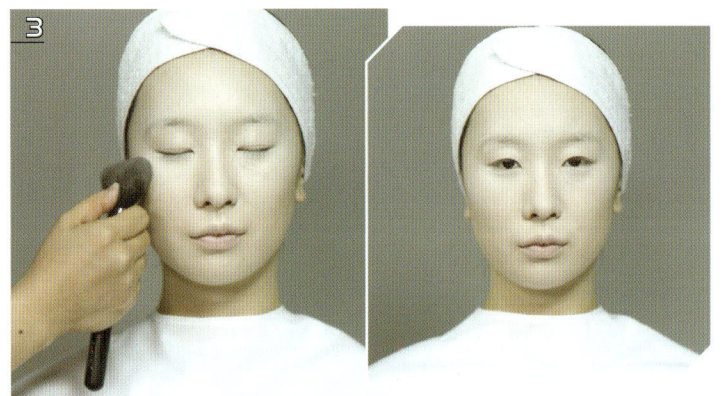

1. 메이크업 시작 전 손과 도구를 소독하고, 메이크업 베이스를 얇게 펴 바른다. 모델의 피부 톤에 맞춰 결점을 커버하고, 파운데이션으로 깨끗하게 표현하는 것이 중요하다.

2. 하이라이트와 섀딩 효과를 준다.

3. 핑크 파우더를 얼굴 전체에 발라 매트하게 피부 화장을 마무리한다.

> 발레

4 눈썹은 다크 브라운으로 시작하여 블랙으로 자연스럽게 연결시키고, 모델의 얼굴형을 고려하여 갈매기 모양의 눈썹을 그린다.

5 눈썹 뼈에 흰색 하이라이트로 입체감을 주며, 아이 홀은 핑크와 퍼플 컬러로 그라데이션 하여 안쪽을 흰색으로 채운다.

재료 준비
- 미디움 핑크 섀도
- 아이섀도 브러시
- 핫 핑크 섀도
- 딥 퍼플 섀도
- 사선 브러시
- 미디움 브라운 섀도
- 블랙&브라운 콤비 펜슬
- 화이트 섀도

제3과제 캐릭터 메이크업 | 89

6 속눈썹 라인을 따라 밑그림을 먼저 그리는데, 흰색으로 눈이 커 보이게 표현하는 게 중요하다.

7 검정색 아이라이너를 사용하여 도면과 같이 아이라인과 언더라인을 길게 그린다.

8 아쿠아 블루 컬러는 블랙 아이라인 다음에 처리하는 것이 발색력을 높일 수 있다.

발레

재료 준비	아쿠아 블루 섀도	화이트 섀도

- 사선 브러시
- 미디움 브라운 섀도
- 블랙 붓펜 아이라이너
- 미디움 핑크 블러셔
- 속눈썹 접착제
- 뷰러
- 파우더 브러시
- 미디움 핑크 립
- 속눈썹
- 비비드 레드 립
- 면봉
- 마스카라
- 립 브러시
- 레드 립 펜슬
- 족집게

9 뷰러로 컬링하고 마스카라한 후, 검정의 짙은 인조 속눈썹을 상승형으로 붙인다.

10 치크는 핑크색으로 광대뼈를 감싸듯 화사하게 브러시한다.

11 립은 로즈 컬러 라이너를 사용하여 안쪽으로 그라데이션 하고, 핑크 계열로 블렌딩한다.

최종 완성

발레 메이크업의 핵심 포인트

- 피부 표현 : 한 톤 밝은 피부톤
- 눈썹 : 갈매기 형태의 브라운과 블랙의 그라데이션
- 눈 : 핑크와 아쿠아 블루 계열의 아이 홀과 인위적인 속눈썹 라인
- 치크 : 핑크 컬러의 브러셔
- 입술 : 레드와 핑크를 블렌딩한 로즈 컬러의 그라데이션

완성 활용
발레
메이크업

제3과제 캐릭터 메이크업

세팅 및 소독법

 시험 시간 : 50분

노인

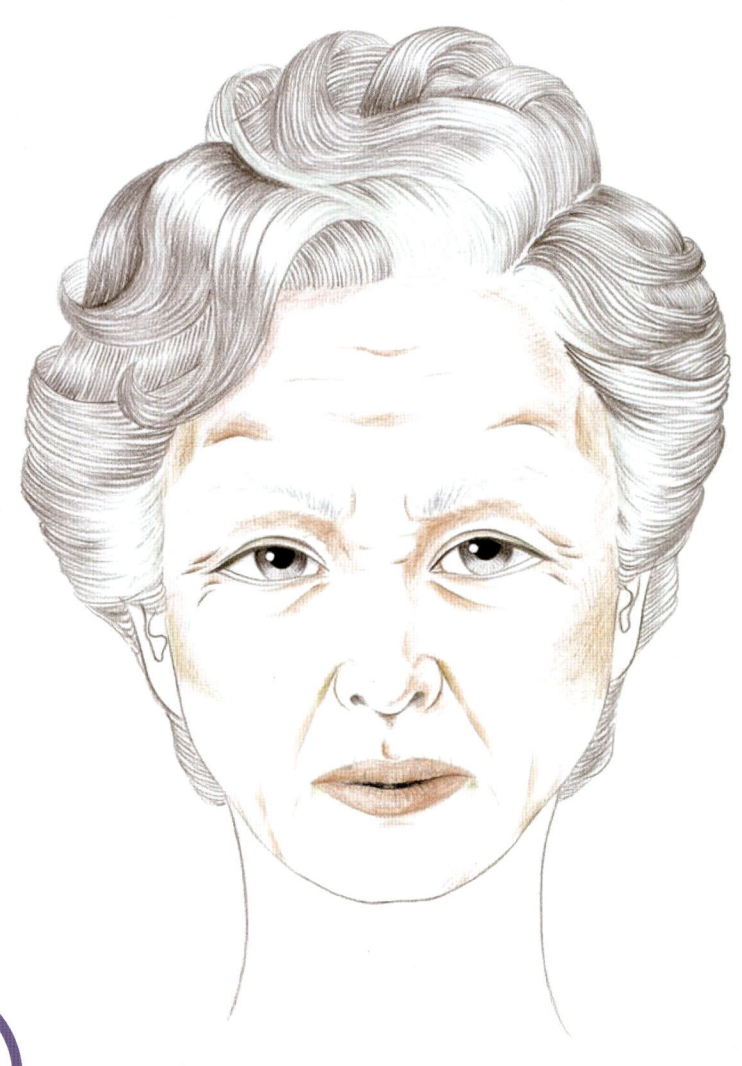

유의 사항

1. 모델은 문신(눈썹, 아이라인, 입술 등), 속눈썹 연장 및 메이크업이 되어 있지 않은 상태여야 한다.
2. 스파출라, 속눈썹 가위, 족집게, 눈썹 칼 등의 도구류를 사용 전 소독제로 소독해야 한다.
3. 메이크업 베이스, 파운데이션을 펴 바를 때 스펀지 퍼프 또는 브러시를 사용한다.
4. 아이섀도, 치크, 립 등의 표현 시 브러시 등 적합한 도구를 사용해야 한다.
5. 화장품은 요구 사항에 지정된 제형 외에는 타입에 상관없이 자유롭게 사용한다.

노인

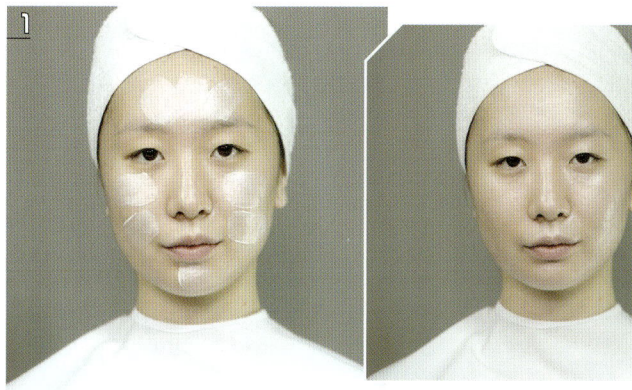

재료 준비
- 미디움 베이지 크림 파운데이션
- 손 소독제
- 알코올 솜
- 컨실러 브러시
- 팔레트
- 메이크업 스펀지
- 파운데이션 브러시
- 다크 브라운 크림 파운데이션
- 화이트 글로우 메이크업 베이스

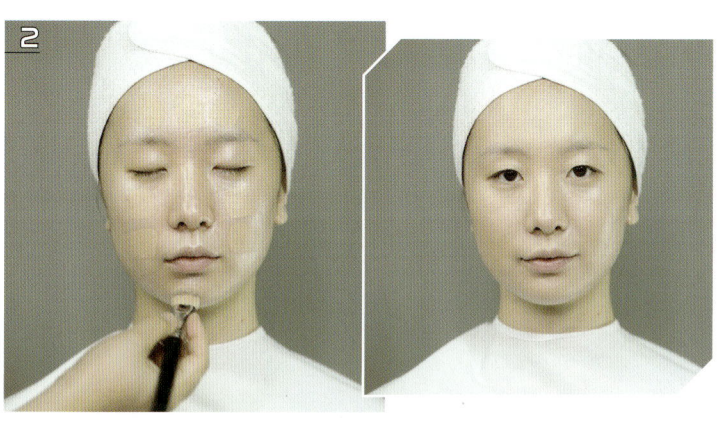

1 과제 시작 전 손과 도구를 소독하고 메이크업 베이스를 얇게 펴 바른다.

2 파운데이션은 너무 고르지 않게 바르고, 모델의 피부 톤보다 한 톤 어둡게 표현하는 것이 중요하다.

3 섀딩 컬러로 도면과 같이 얼굴의 굴곡 부분에 밑그림을 그린다.

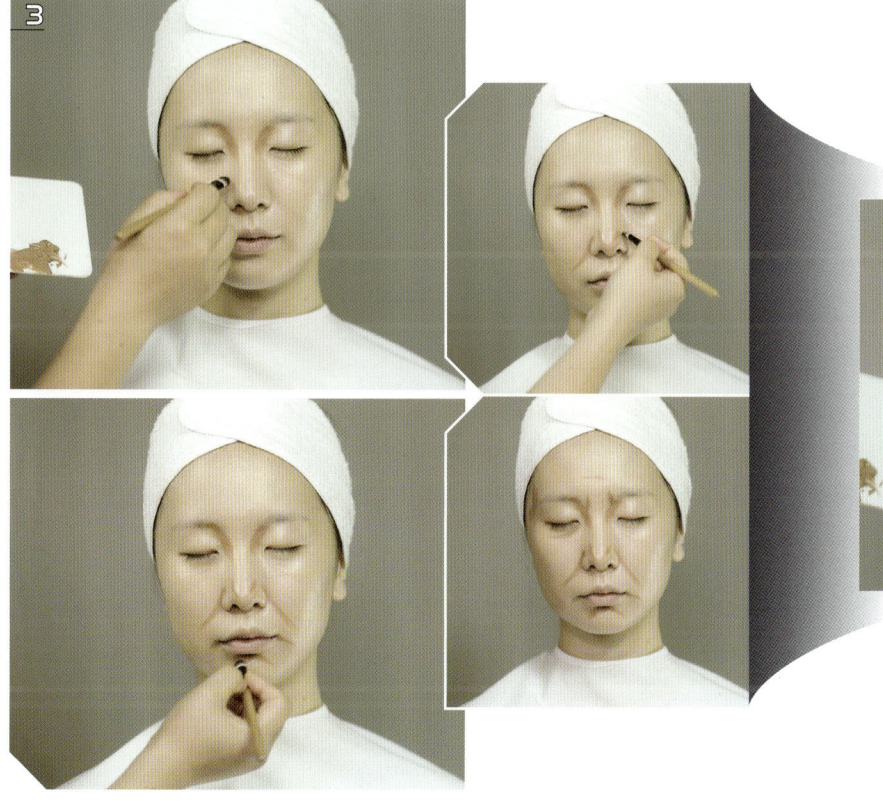

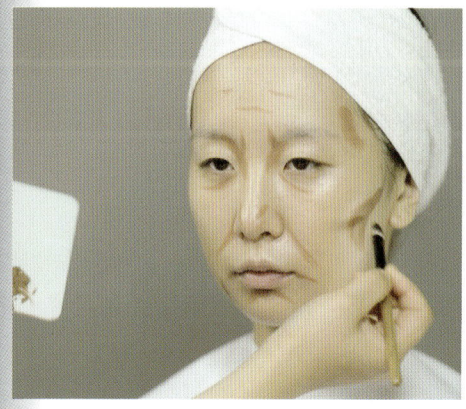

제3과제 캐릭터 메이크업 | 95

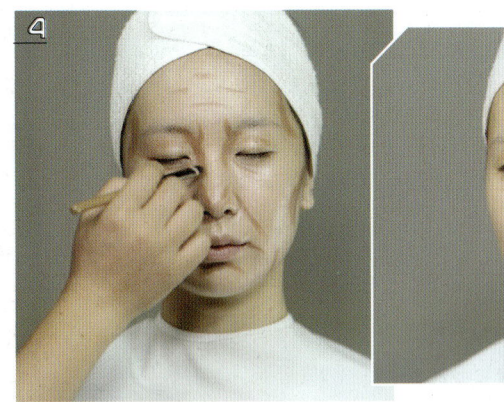
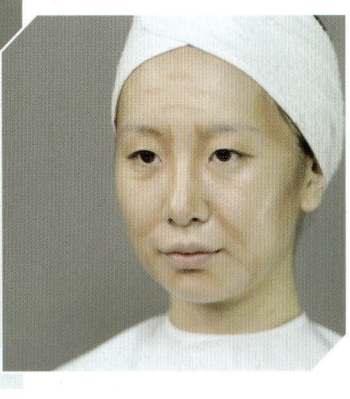

4 컨실러나 라텍스 스펀지로 포인트가 되는 주름을 자연스럽게 그라데이션 하여 얼굴의 노화를 연출한다. 밑그림이 너무 많이 지워지지 않도록 주의한다.

5 하이라이트 컬러를 이용하여 도면과 같은 돌출 효과를 주고 스펀지나 브러시로 음영이 남아 있게 블렌딩한다.

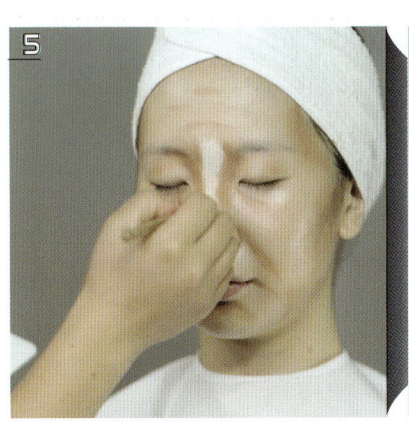
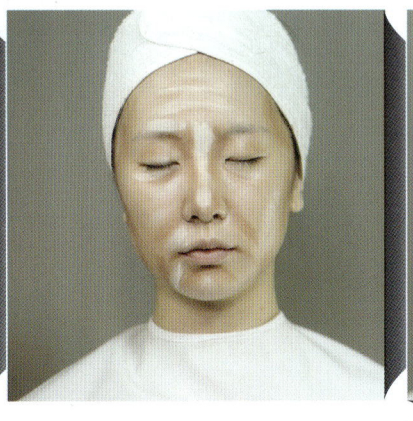
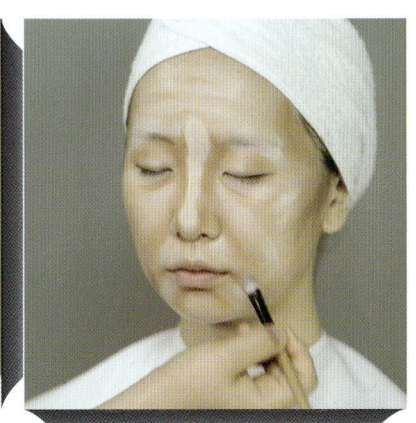
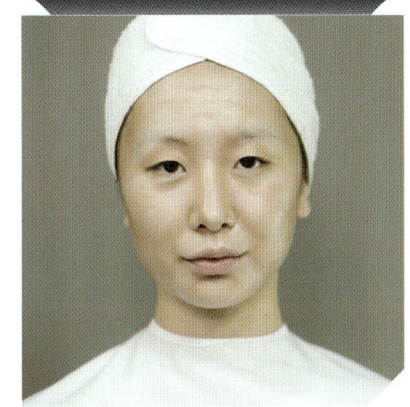

재료 준비	□ 화이트 섀도	□ 브라운 섀도	□ 그레이 섀도	□ 베이지 립
□ 스크루 브러시				

□ 컨실러 브러시   □ 화이트 크림 파운데이션   □ 누드 루즈 파우더
□ 파우더 퍼프   □ 브라운 펜슬   □ 파우더 브러시
□ 아이섀도 브러시 □ 미디움 브라운 섀딩 섀도 □ 립 브러시

6 파우더로 피부 표현을 가볍게 마무리한 뒤, 모델의 얼굴을 약간 찡그리게 하여 브라운 펜슬을 이용해 얼굴의 주름(이마, 눈 가장자리와 눈 밑 부위, 미간과 코 부위, 볼 부위, 팔자주름, 입술과 구각 주름)을 그리고 음영을 표현하여 자연스럽게 그라데이션한다. 검버섯 등을 펜슬로 표현해 주는 것도 좋다.

7 파우더로 유분기를 다시 정리하며 매트하게 마무리한다. 어두운 파우더로 주름 피부의 발색력을 높인다.

8 눈썹은 강하지 않게 회갈색(브라운+그레이)으로 그리고, 흰색을 이용해 숱이 없게 표현한다.

9 입술은 혈색이 없고 주름진 것이 특징이므로 모델의 입모양을 오므려 발라 자연스러운 주름을 표현한다. 펜슬로 약간의 주름을 표현하면 효과적이다. 립 컬러는 내추럴 베이지를 이용하여 아랫입술이 윗입술보다 두껍지 않게 하며, 입술 안쪽부터 그라데이션하여 바른다.

노인

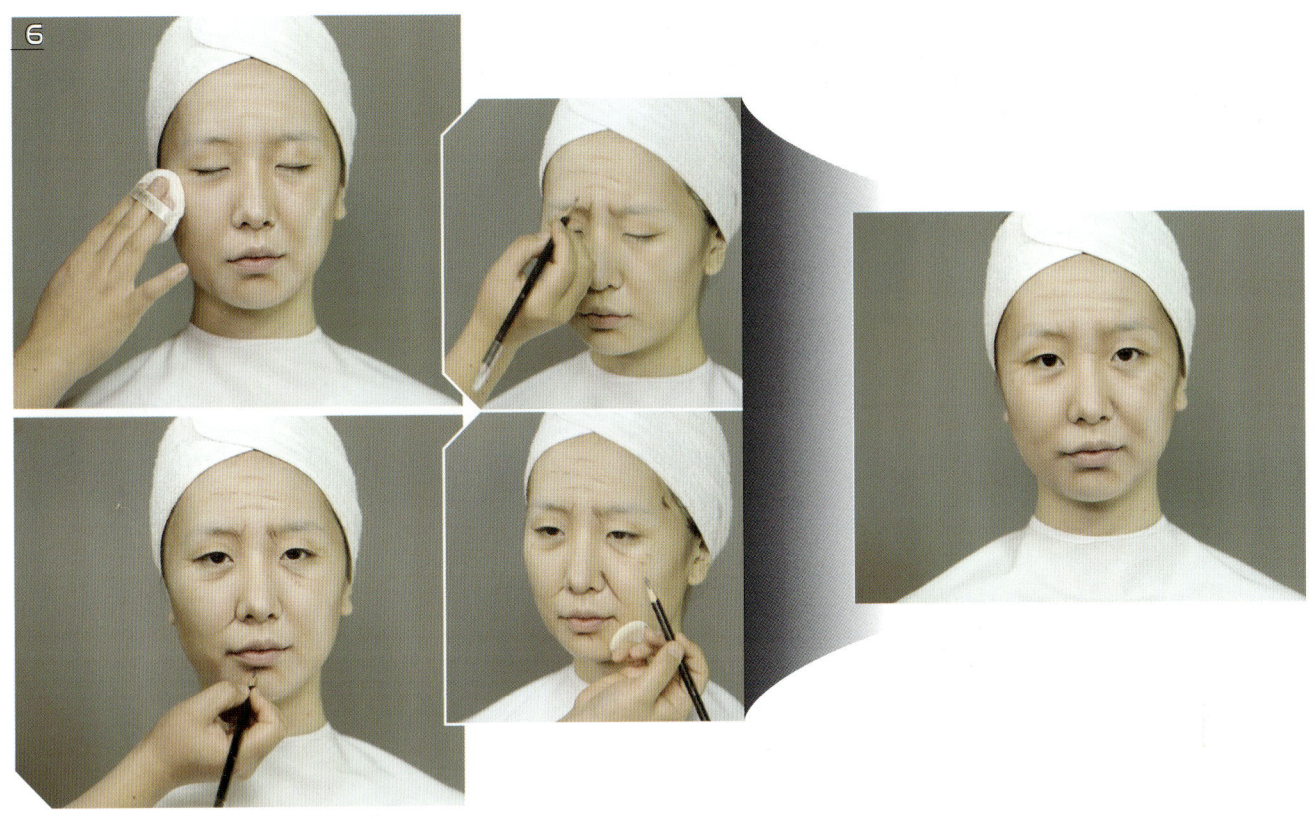

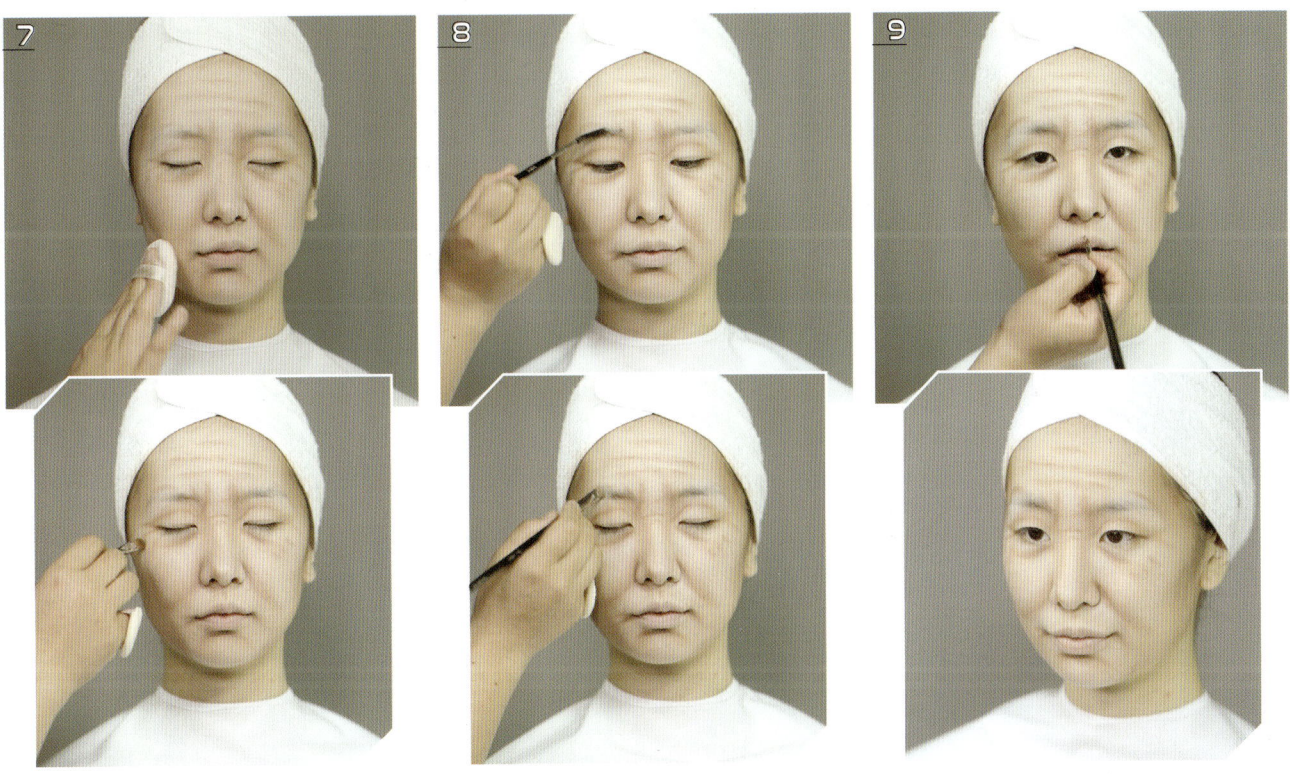

제3과제 캐릭터 메이크업 | 97

최종 완성

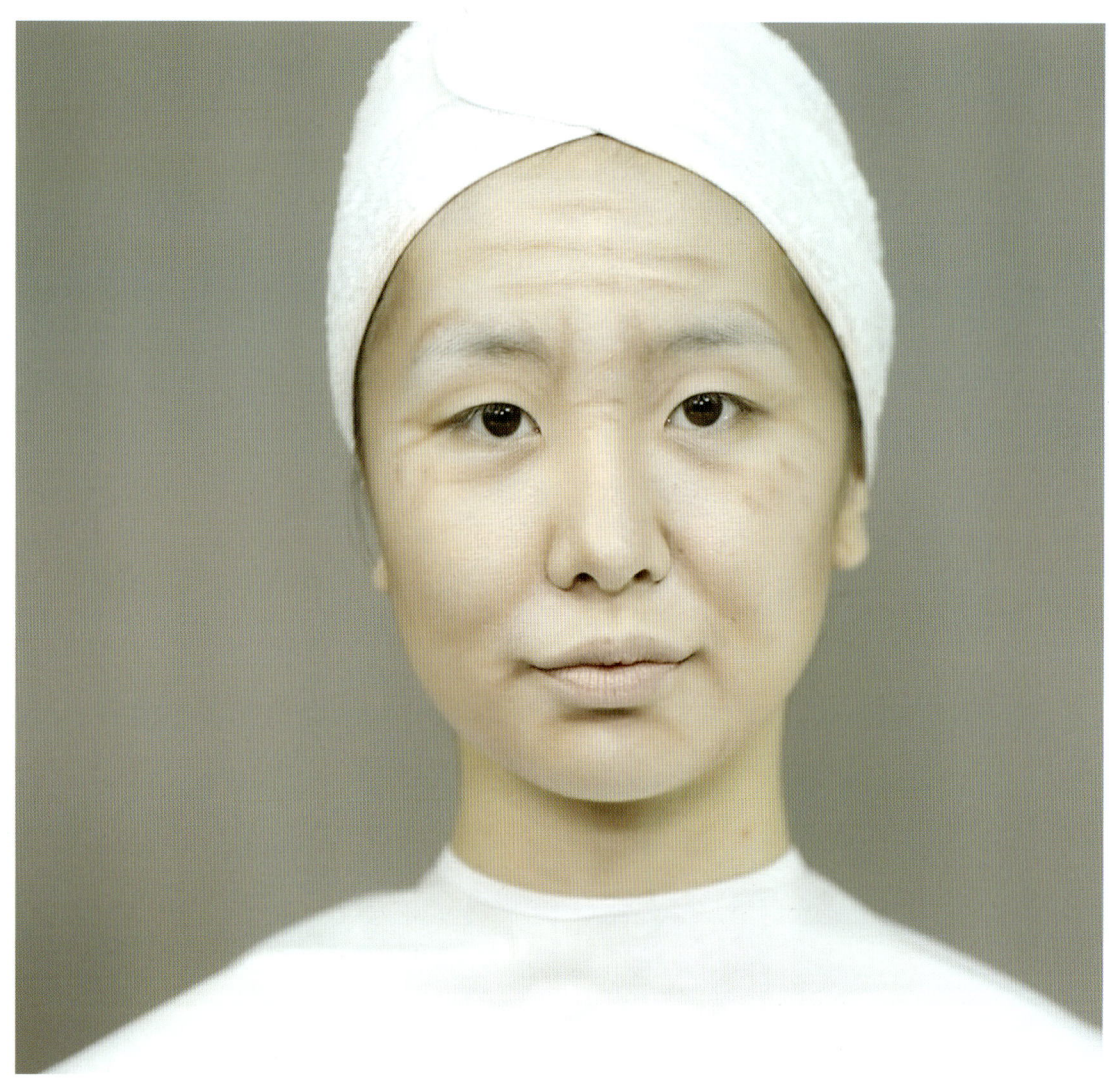

노인 메이크업의 핵심 포인트

- 피부 표현 : 혈색과 탄력이 적고 주름진 피부
- 눈썹 : 숱이 적고 흰머리가 된 눈썹 표현
- 입술 : 내추럴 립 컬러의 주름진 입술

완성 활용
노인 메이크업

제3과제 캐릭터 메이크업 | 99

제4과제 시술 메이크업

세팅 및 소독법

속눈썹 익스텐션

 시험 시간 : 25분

속눈썹 연장 전 마네킹 준비 상태(왼쪽)

속눈썹 연장 완성 상태(왼쪽)

속눈썹 연장 전 마네킹 준비 상태(오른쪽)

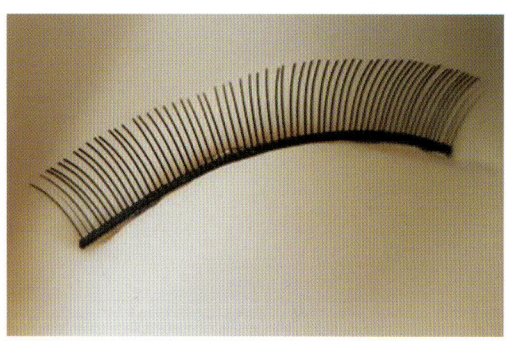

속눈썹 연장 완성 상태(오른쪽)

유의 사항

1. 마네킹은 속눈썹이 연장되어 있지 않은 인조 속눈썹만 부착되어 있는 상태이어야 한다.
2. 핀셋 등의 도구류를 사용 전 소독제로 소독한다.
3. 전처리제가 눈에 들어가지 않도록 나무 스파출라를 속눈썹 아래 받쳐서 작업한다.
4. 속눈썹 연장용 아이패치 이외의 테이프류 및 인증이 되지 않은 글루는 사용할 수 없다.
5. 마네킹의 한쪽 인조 속눈썹에만 작업한다.
6. 작업 시 연장하는 속눈썹(J컬)을 신체 부위(손등, 이마 등)에 올려놓고 사용할 수 없다.
7. 교재에서는 오른쪽만 다루었다. 왼쪽의 경우 오른쪽과 모두 같고, 방향만 다르다. 반드시 방향에 혼동이 없도록 한다.

속눈썹 익스텐션

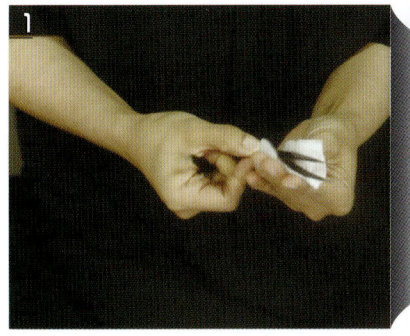 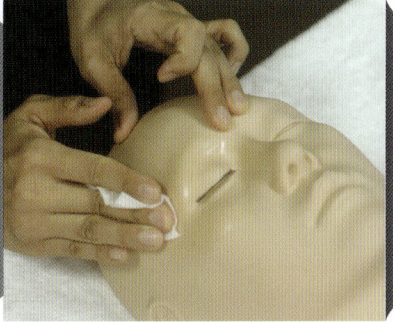 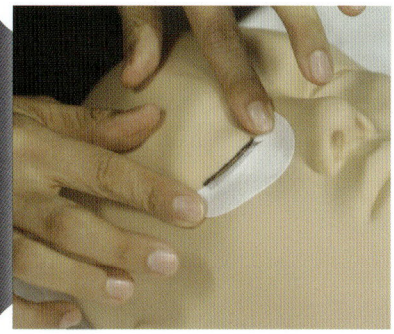

사전 준비
- 마네킹은 사전에 5~6mm 정도의 인조 속눈썹이 50가닥 이상 부착되어 있어야 한다.
- 속눈썹 판에 8, 9, 10, 11, 12mm, 두께 0.15~0.2mm인 싱글모를 부착해놓아야 한다.

1. 마네킹을 준비하고 수험자의 손과 도구류, 마네킹의 작업 부위를 소독한 뒤, 아이패치를 붙인다.
2. 일회용 도구를 사용하여 전처리제를 균일하게 바른다. 사용한 일회용 우드스틱과 면봉은 바로 버린다.
3. 글루를 글루판에 수직으로 세워 1~2방울 정도 떨어뜨려준다.
4. 모근에서 1~1.5mm를 반드시 떨어뜨려 부착한다.
5. 일자 핀셋으로 가장 중심의 속눈썹을 가르고, 곡자 핀셋으로 12mm의 가모를 붙여 도면과 같이 중앙이 긴 라운드 형태의 모양을 만든다.

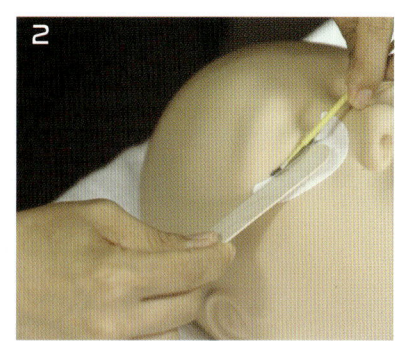

재료 준비
- 속눈썹 전처리제
- 마이크로 면봉
- 우드 스틱
- 일자 핀셋
- 곡자 핀셋
- 12mm J컬 가모
- 알코올 스프레이
- 아이패치
- 9mm J컬 가모
- 11mm J컬 가모
- 글루
- 알코올 솜
- 8mm J컬 가모
- 10mm J컬 가모
- 속눈썹 판
- 글루판

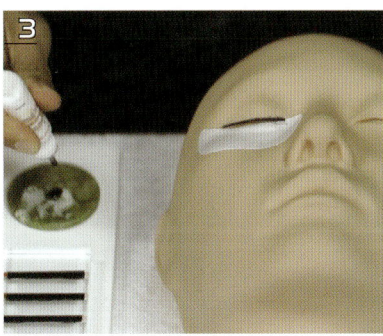 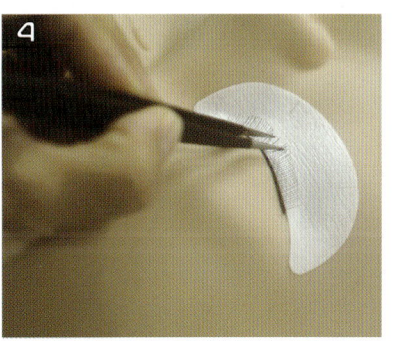 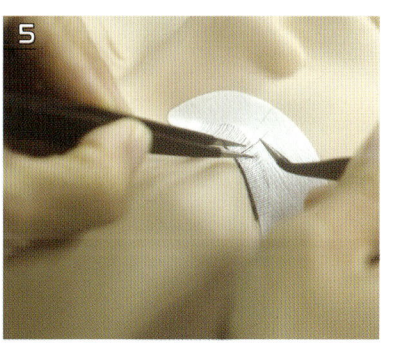

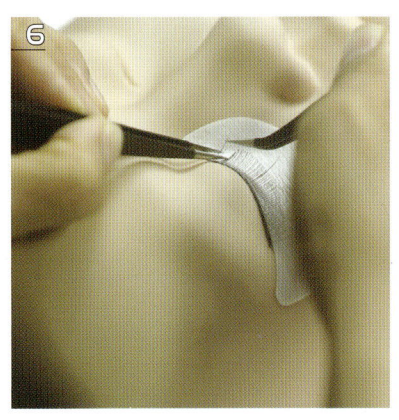
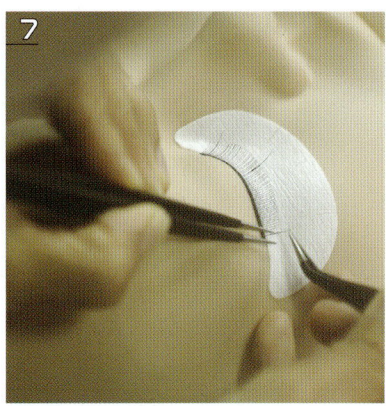

6 마네킹에 부착된 속눈썹 한 개당 하나의 속눈썹(J컬)만 연장한다. 이번에는 가장 짧은 8mm의 가모를 눈 앞 2~3가닥을 띄운 상태에서 붙인다.

7 9mm 속눈썹 한 가닥을 눈꼬리 부분에 붙인다. 이와 같은 방식으로 최소 40가 닥 이상을 연장한다.

8 중심선이 잡혔다면 중심선을 기준으로 속눈썹을 3~4가닥씩 5가지 길이(8, 9, 10, 11, 12mm)의 속눈썹(J컬)을 모두 사용하여 자연스러운 디자인을 만든다.

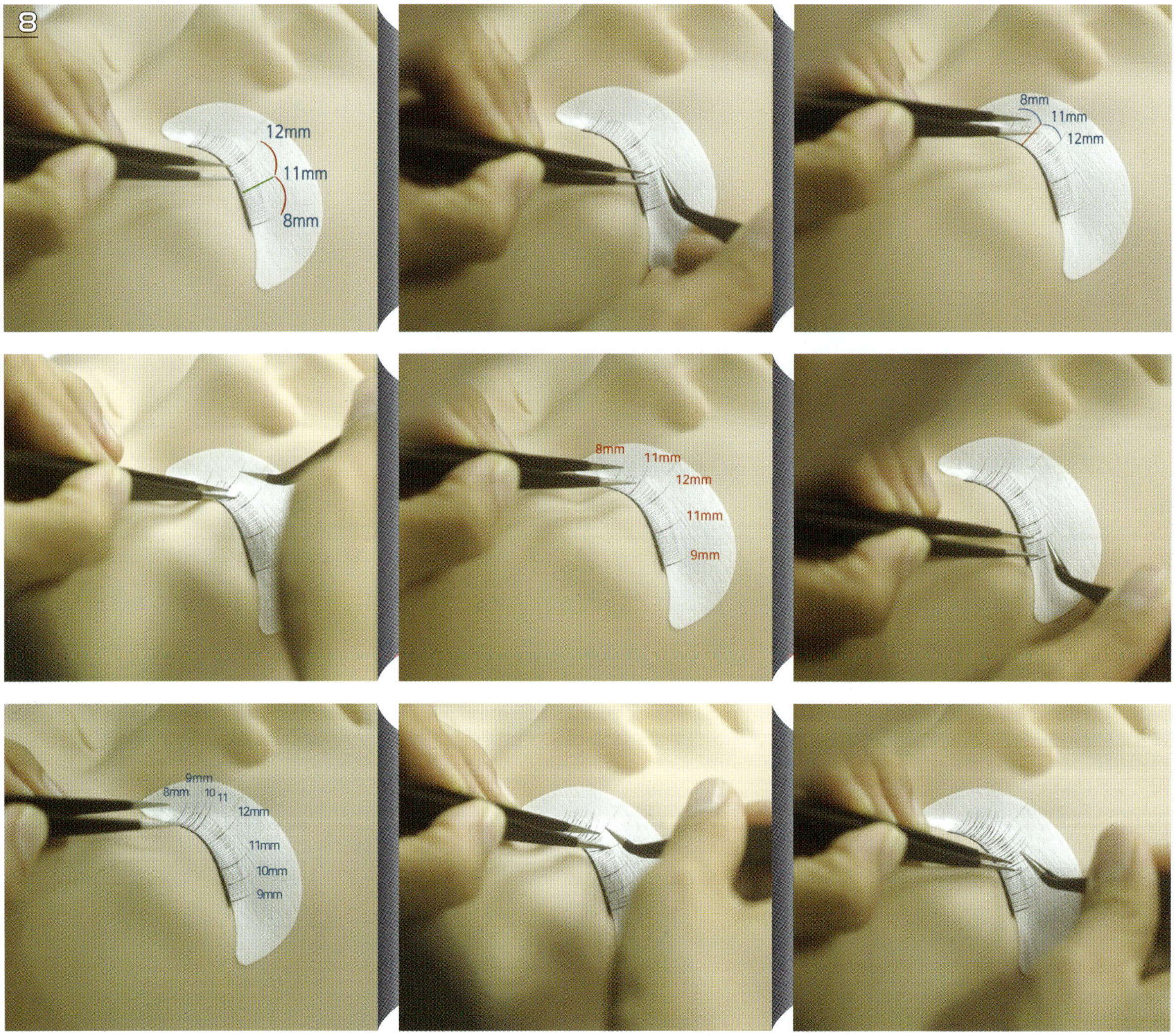

최종 완성

속눈썹 익스텐션

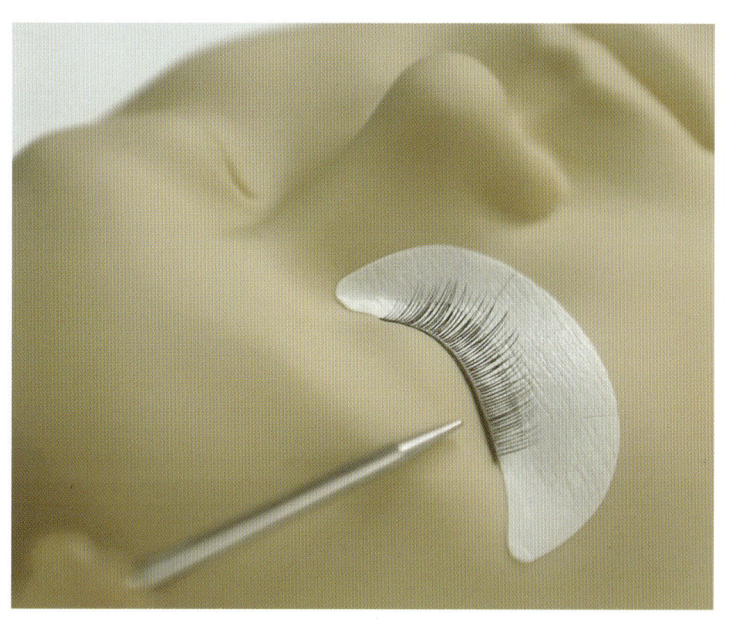

속눈썹 익스텐션 – 오른쪽 완성

가모는 속눈썹 앞머리부터 눈꼬리까지 8, 9, 10, 11, 12, 11, 10, 9mm순으로 시술하여 전체적으로 부채꼴 모양을 만든다. 최소 40가닥 이상 시술하는 조건을 꼭 지킨다.

속눈썹 익스텐션 – 왼쪽 완성

속눈썹 익스텐션 과제는 왼쪽, 오른쪽을 구분하므로, 반드시 지정된 곳에만 시술하도록 한다.

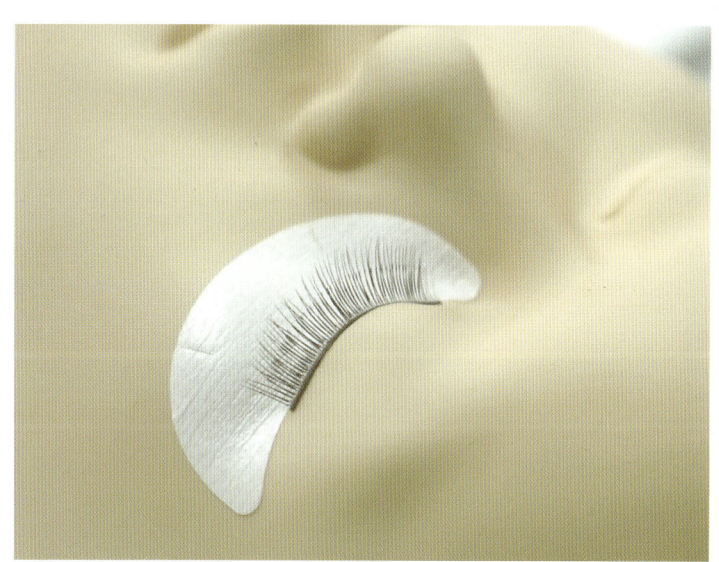

속눈썹 익스텐션 핵심 포인트

- 마네킹 준비 상태를 꼭 확인
- 왼쪽이나 오른쪽 중 선택된 과제 쪽에만 시술할 것
- 반드시 눈 앞에서 2~3가닥 띄어 시술을 시작할 것

제4과제 시술 메이크업

세팅 및 소독법

미디어 수염

⏰ **시험 시간 : 25분**

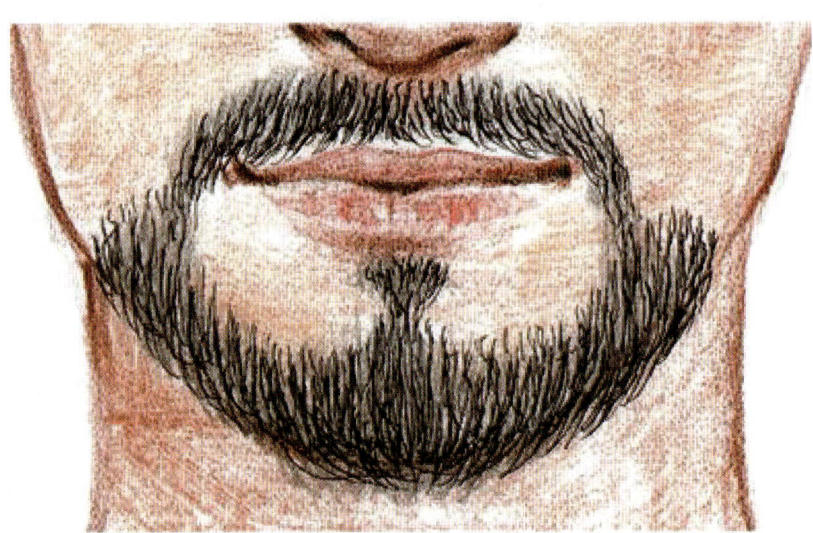

유의 사항

1. 마네킹에는 지정된 재료 및 도구 이외에는 사용할 수 없다.
2. 수염은 사전에 가공된 상태로 준비한다.
3. 핀셋, 가위 등의 도구류를 사용 전 소독제로 소독한다.

미디어 수염

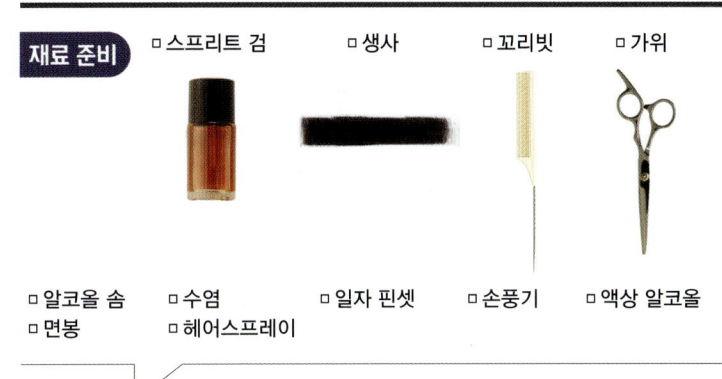

재료 준비: □ 스프리트 검 □ 생사 □ 꼬리빗 □ 가위
□ 알코올 솜 □ 수염 □ 일자 핀셋 □ 손풍기 □ 액상 알코올
□ 면봉 □ 헤어스프레이

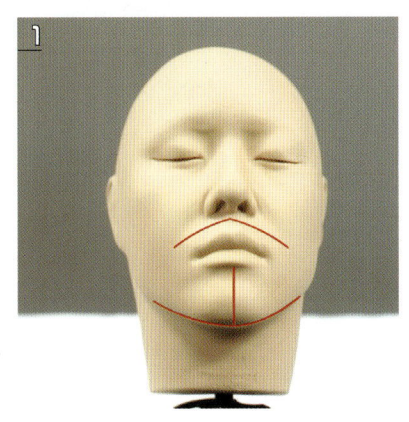

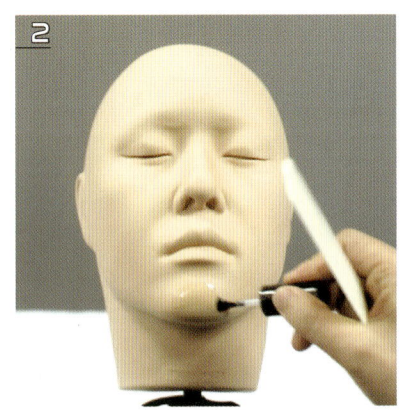

1. 과제 수행 전 수험자의 손, 도구류, 마네킹의 작업 부위를 소독한다. 작업은 한글 '소'자 모양의 수염을 붙이는 것이다.

2. 수염을 붙일 자리에 스프리트 검을 바른다. 이때는 균일하게 도포하고 마네킹의 좌우 균형, 위치, 형태에 주의한다.

3. 생사를 적당량 잡아 꼬리빗으로 빗어 정리한 후 가위로 라운드형으로 자른다.

4. 정리한 생사를 펼쳐 스프리트 검을 바른 부위에 지그시 눌러 붙인다.

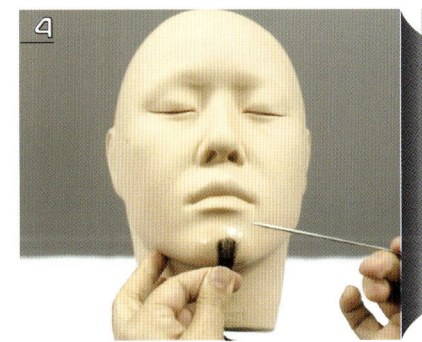 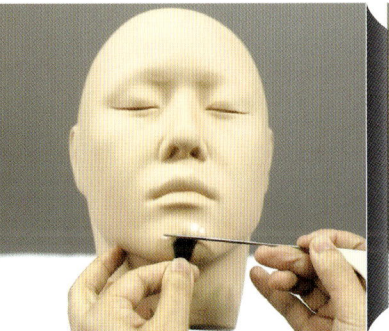 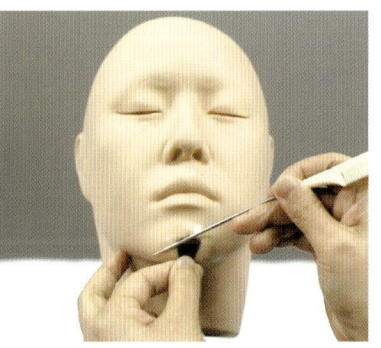

제4과제 시술 메이크업 | 105

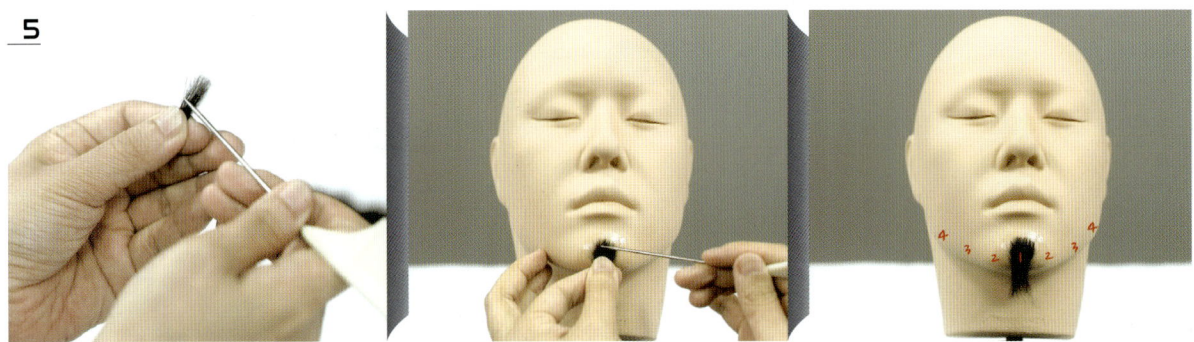

5 부위별로 스프리트 검을 바르고 생사를 붙이는 과정을 반복하여 도면과 같이 콧수염과 턱수염 모두를 완성한다.

6 접착제가 묽다면 넓은 부위를 미리 발라 놓는 것이 좋고, 되직하다면 붙일 만큼만 소량씩 자주 발라 가며 생사를 붙이는 것이 효과적이다.

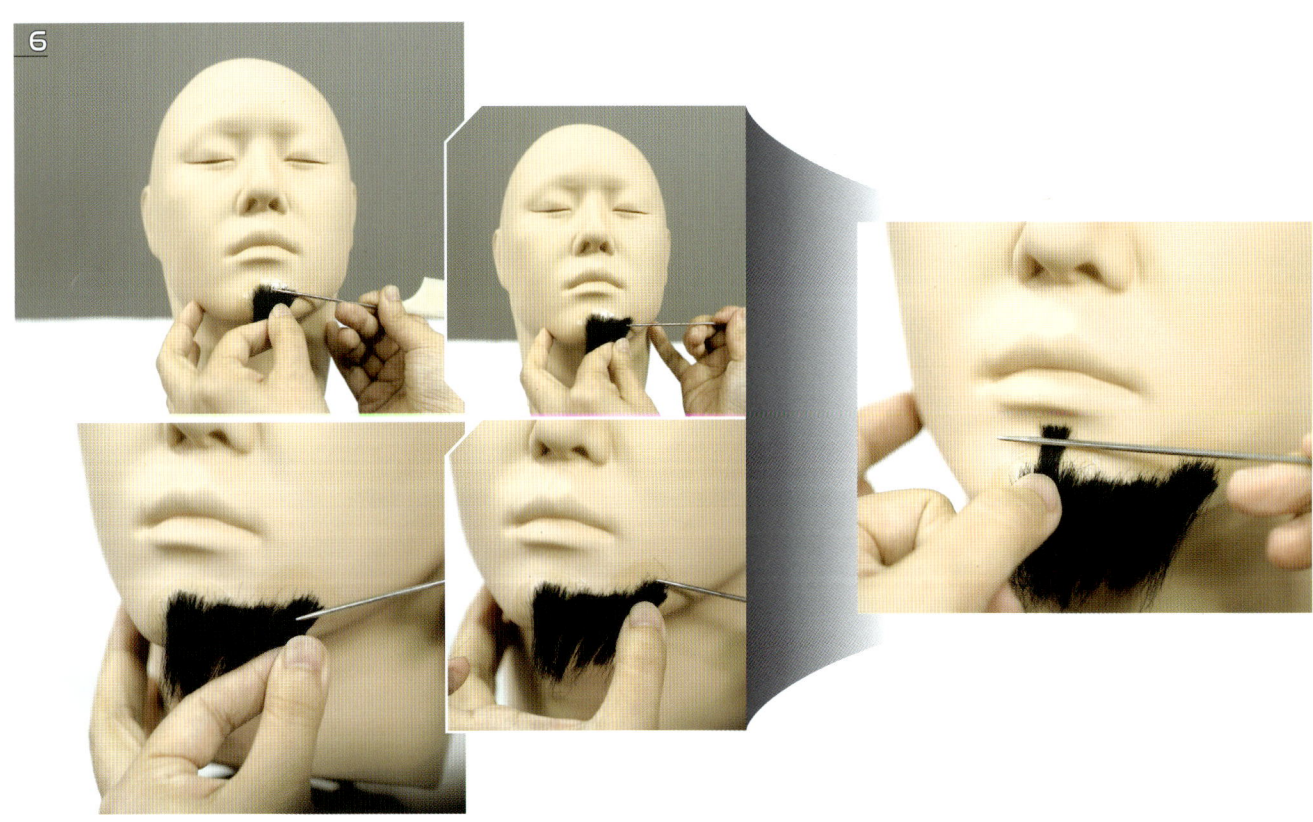

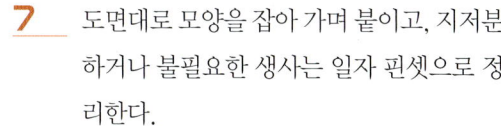

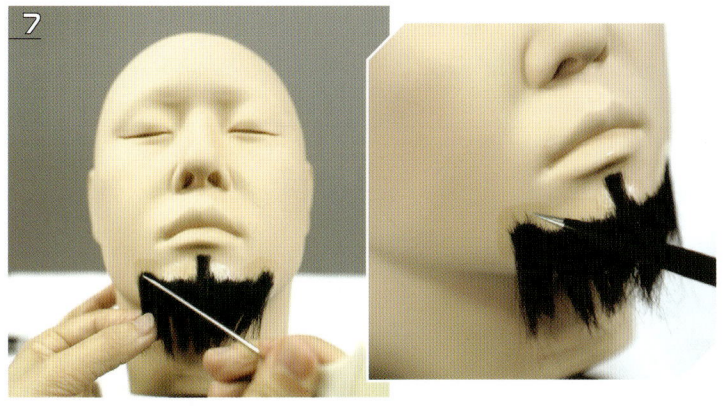

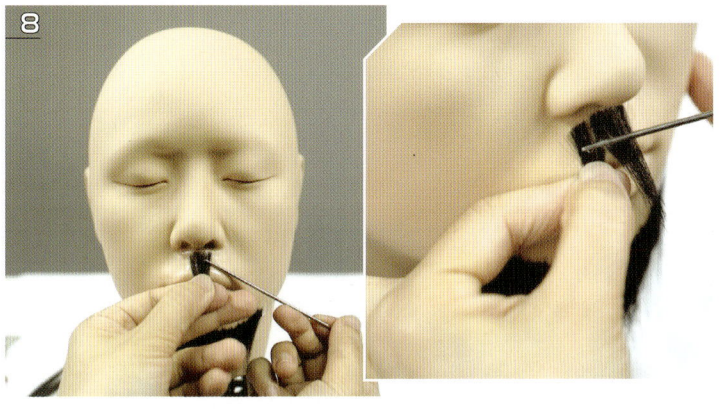

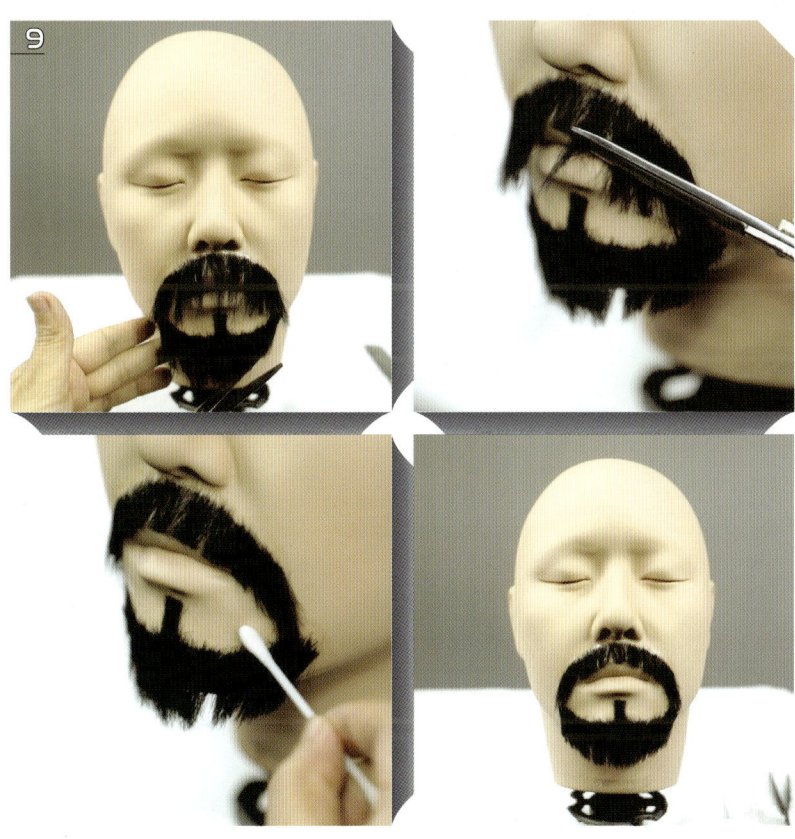

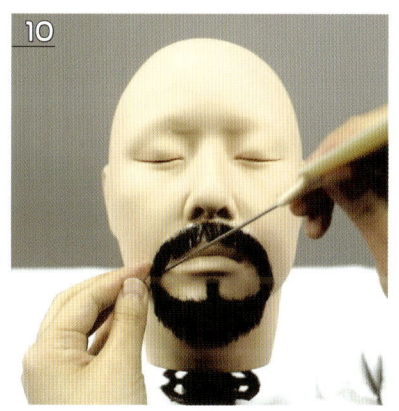

7 도면대로 모양을 잡아 가며 붙이고, 지저분하거나 불필요한 생사는 일자 핀셋으로 정리한다.

8 콧수염도 같은 방식이지만, 턱수염보다는 소량으로 피부가 살짝 비치게 연출한다.

9 가위를 이용해 양쪽 대칭이 맞게 수염을 자르고, 일자 핀셋과 손풍기를 이용하여 마네킹의 지저분한 부분을 정리한다. 접착제를 바른 부분이 남아 있다면 면봉에 알코올을 묻혀 닦아 낸다.

10 꼬리빗의 꼬리 부분에 헤어스프레이를 적당량 분사하여 작업이 마무리된 수염을 고정하고, 도면과 같이 완성한다.

최종 완성

미디어 수염 핵심 포인트

- 전체적으로 한글 '소'자, 라운드형 턱수염, 피부가 살짝 비치고 끝부분이 치맛단처럼 펼쳐진 콧수염 등 수염의 모양을 기억할 것
- 스프리트 검과 생사는 조금씩 여러 번 활용할 것
- 수염을 촘촘하게 붙이고 자연스럽게 다듬을 것

일반 메이크업

1. Smoky Makeup
2. Contouring Makeup
3. Spring, Fall Makeup
4. Summer Makeup
5. Winter Makeup
6. Party Makeup

1 Smoky Makeup

> 스모키 메이크업 : 짙은 아이 메이크업이 특징으로 그 외 부분은 깨끗하게 표현!

| 피부 |

1. 수분감 있는 메이크업 베이스와 모델의 피부 톤에 맞는 컬러의 메이크업 베이스를 1:1로 혼합하여 얇게 펴 바른다.

2. 피부 톤에 맞는 리퀴드 파운데이션을 브러시에 충분히 묻혀 빠르게 도포하고, 라텍스 스펀지를 물에 불려 수분감 있게 마무리한다.

3. T존과 애플존 부위는 파운데이션으로 한 번 더 레이어링하여 얼굴에 하이라이트 효과를 준다.

4. 퍼프로 얼굴 전체를 두드려 밀착시킨다.

5. 깨끗한 피부 표현을 위해 컨실러로 잡티를 커버하고, 전체적으로 밝고 화사한 피부 표현을 한다.

6. 큰 파우더 브러시로 얼굴 전체를 가볍게 터치하여 유분을 제거한다.

| 눈 |

1. 모델의 눈썹 색보다 짙은 색상으로 자연스럽게 그리고, 아이브로펜슬로 빈 곳을 채워 그린다.

2. 펄이 없는 밝은 베이지 컬러의 섀도로 눈썹 뼈와 언더까지 전체적으로 바른다.

3. 펄이 있는 짙은 브라운 컬러로 쌍꺼풀 라인부터 아이 홀까지 그라데이션 한다.

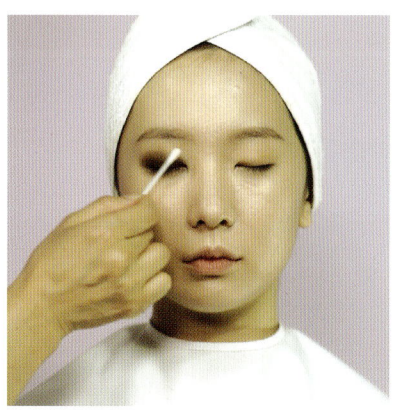

4. 다크 브라운 섀도, 펄이 있는 카키 컬러의 섀도를 한 번 더 덧발라 눈에 깊이를 더한다.

5. 블랙 아이라이너 펜슬로 눈동자 윗부분과 언더를 채우듯 그린다.

6. 아이라인과 언더라인에 다크 브라운 섀 도를 한 번 더 발색하여 아이라인이 또 렷하게 보이도록 만든다. 스모키 메이 크업에서는 아이 메이크업을 차곡차곡 레이어링하고 그라데이션 하는 것이 중 요하다.

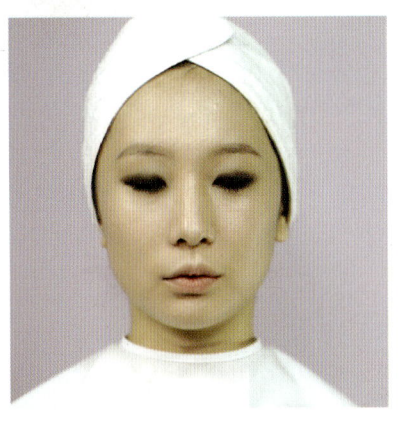

7. 블랙 젤 라이너로 속눈썹 사이를 꼼꼼 하게 그리고, 눈꼬리를 길게 만들어 시 원한 눈매를 연출한다.

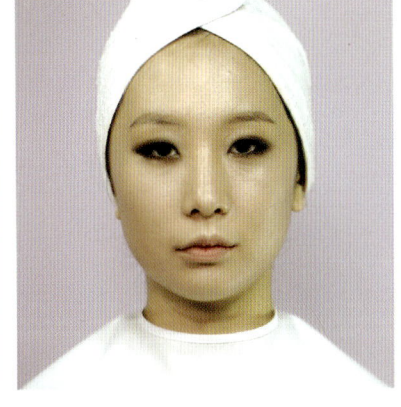

8. 길고 풍성한 인조 속눈썹을 모델의 눈 길이에 맞게 잘라 붙이고, 뷰러로 자연 속눈썹과 함께 컬링한 뒤 속눈썹 뿌리 부터 마스카라를 바른다.

입술, 볼

1. 베이지 컬러로 입술 모양대로 자연스럽게 바른다.
2. 아이메이크업과 어울리는 베이지나 브라운 계열로 치크를 표현한다.
3. 눈 밑, 이마, 콧등에 하이라이트를 더해 입체감을 더한다.

2. Contouring Makeup

> 컨투어링 메이크업 : 얼굴 중앙과 외곽의 밝고 어두움을 표현하여 얼굴을 입체감 있게 표현!

피부

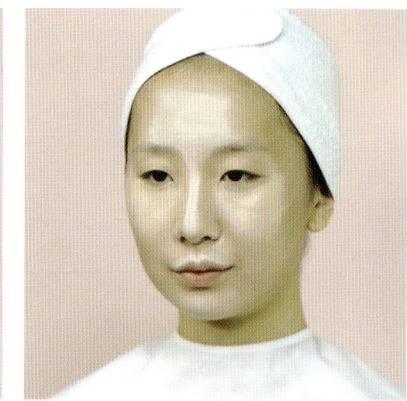

1. 모델의 피부 톤에 맞는 메이크업 베이스와 수분 크림을 1:1로 혼합하여 전체 도포한다.

2. 피부 톤에 맞는 파운데이션을 선택하여 얼굴 중앙과 하이라이트 부분에 도포한다. 얼굴 윤곽 메이크업의 기초가 되는 부분으로 피부 톤을 균일하게 정리한다.

3. 물에 적신 라텍스 스펀지로 얼굴의 파운데이션이 잘 밀착되도록 여러 번 두드린다.

4. 컨실러를 사용하여 눈 밑 다크 서클과 잡티를 커버한다.

5. 피부 톤보다 한 톤이나 두 톤 밝은 파운데이션을 이마, 코, 애플 존, 입술 산, 턱 등 얼굴 중앙의 돌출되어 빛을 받는 부분에 도포한다.

6. 피부 톤보다 한 톤이나 두 톤 어두운 파운데이션으로 헤어라인, 턱선, 코끝과 코 벽에 음영을 주어 얼굴의 입체감을 표현한다.

7. 섀딩 부위는 바깥쪽에서 안쪽으로 하이라이트 부분과 경계가 생기지 않도록 자연스럽게 펴 바른다.

8. 미세한 펄이 가미된 섀도로 얼굴 중앙을 터치하여 하이라이트 효과를, 어두운 섀도로 얼굴 외곽 바깥에서 안쪽으로 발라 음영 효과를 부각시킨다.

눈, 볼, 입술

1. 펄이 없는 브라운 섀도로 눈썹의 범위를 잡고 아이브로펜슬로 빈 곳을 메우듯 부드럽게 그린다.

2. 오렌지 브라운 섀도를 광대와 볼을 감싸듯 발라 생기를 준다.

3. 브러시에 파우더를 묻혀 얼굴의 유분을 제거한다.

4. 눈두덩과 언더에 베이지 컬러로 눈동자를 감싸듯 발라 음영을 넣는다.

5. 펄이 가미된 피치 컬러 섀도를 눈두덩과 언더에 연결하여 바른다.

6. 블랙 젤 아이라이너와 다크 브라운 섀도로 속눈썹 사이를 메우듯 발라 또렷한 눈매를 표현한다.

7. 뷰러로 속눈썹을 컬링하고 반으로 자른 인조 속눈썹을 눈꼬리 쪽으로 붙이며, 마스카라를 지그재그로 발라 길고 시원한 눈매를 연출한다.

8. 핑크 베이지 컬러로 자연스러운 입술을 표현하고, 립글로스를 중앙에 발라 입체감을 준다.

9. 브러시로 하이라이트와 섀딩을 다시 한 번 표현하여 발색을 높여 마무리한다.

3 Spring, Fall Makeup

봄 메이크업 : 핑크, 옐로, 그린 등의 화사하고 산뜻한 느낌으로 표현!
가을 메이크업 : 누드 톤의 차분하고 세련된 느낌으로 표현!

피부

1. 건조한 계절이므로 수분감 있는 베이스 표현이 중요하다. 수분 크림을 메이크업 베이스나 파운데이션과 1:1로 섞어 얇게 도포하고, 물에 적신 라텍스로 충분히 두드려 흡수시킨다.

2. 한 톤 밝은 크리미한 컨실러로 다크 서클 부분과 코 옆, 구각, 하이라이트 부분을 터치하여 커버와 하이라이트를 동시에 표현한다.

3. 한 톤 어두운 크림 파운데이션을 이용하여 얼굴 외곽, 코 벽, 콧방울에 음영을 넣어 입체감을 연출한다.

4. 섀도와 파우더를 섞어 브러시로 터치하여 음영과 혈색을 표현한다.

5. 입자가 고운 파우더로 얼굴을 가볍게 눌러 자연스러운 광채를 표현한다.

눈, 볼, 입술

1. 브라운 계열의 섀도로 모델의 눈썹 모양에 따라 틀을 잡고, 펜슬로 눈썹 결에 따라 메우듯 그린다.

2. 펄이 없는 베이지 브라운 섀도로 눈두덩이와 언더 전체를 발라 아이 메이크업의 기본 바탕을 만든다.

3. 봄에는 화사한 핑크, 옐로, 바이올렛 등을, 가을에는 깊이 있는 브라운, 카키, 골드 등의 컬러로 아이섀도 한다.

4. 볼도 아이 메이크업의 색감에 맞게 같은 계열로 처리한다.

5. 입술은 봄에는 핑크나 오렌지 계열, 가을에는 레드나 짙은 브라운 계열로 깔끔하고 자연스럽게 마무리한다.

4 Summer Makeup

> 여름 메이크업 : 자외선 차단과 건강한 피부 표현, 지속력 있는 원 포인트로 강조!

피부

1. 수분감 있고 자외선 차단제가 들어 있는 메이크업 베이스를 얼굴 전체에 도포한다. 반드시 기초화장 단계에서 자외선 차단을 하고, SPF 30 이상 PA++ 이상이면 무난하다.

2. 적은 양의 파운데이션을 여러 번 덧발라 지속력을 높인다. 무겁지 않게, 유분이 조절되게 표현하는 것이 중요하다.

3. 한 톤 밝은 컨실러로 잡티 커버와 하이라이트 효과를, 한 톤 어두운 섀도나 파운데이션으로 섀딩 효과를 준다.

4. 라텍스 스펀지로 충분히 두드려 밀착력과 지속력을 높이고, 경계가 생기지 않게 표현한다.

5. 브러시에 파우더를 소량 묻혀 가볍게 쓸어 가며 얼굴의 유분을 제거한다.

눈, 볼, 입술

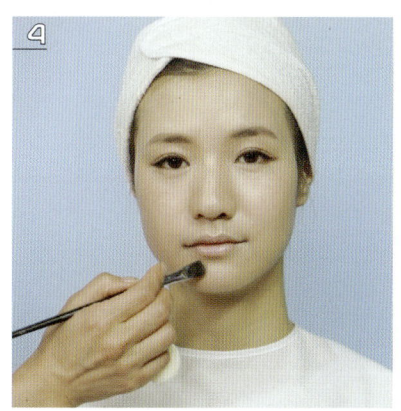

1. 모델의 눈썹 모양에 맞게, 또렷하게 채워 그린다. 립에 원 포인트를 줄 것이므로, 펄이 없는 섀도를 선택한다.

2. 옅은 브라운의 베이스 컬러로 눈두덩과 언더 전체를 바르고, 브라운 계열의 아이라이너로 눈매를 또렷하게 연출한다.

3. 뷰러로 속눈썹을 컬링하고, 워터 프루프 마스카라로 속눈썹 위쪽만 꼼꼼하게 발라 눈매를 또렷하게 만든다. 언더까지 마스카라를 하면 더운 날씨로 번져 지저분하게 될 수 있으므로 하지 않는다.

4. 컨실러를 이용해 입술 라인을 먼저 정리한 뒤 레드 오렌지 컬러로 선명하게 발색하여 포인트를 준다. 티슈로 입술을 약간 눌러 유분을 제거한 뒤 한 번 더 발라 마무리한다.

5 Winter Makeup

> 🌱 **겨울 메이크업 : 촉촉하고 수분감 있는 피부 표현!**

| 피부 |

1. 수분 크림을 얼굴 전체에 얇게 도포한 뒤, 펄이 가미된 메이크업 베이스를 얼굴 중앙을 중심으로 얇게 펴 바른다.

2. 파운데이션은 물에 적신 라텍스 스펀지를 이용하여 수분감 있게 바르고, 마른 라텍스 스펀지로 덧발라 밀착력을 높인다.

3. 컨실러로 눈 밑 다크 서클, 잡티 등을 커버한다. 겨울에는 쉽게 건조하므로 주름이 잘 생기는 눈 밑이나 입술 주변은 특히 가볍게 처리한다.

4. 얼굴 외곽을 중심으로 브러시로 쓸어 가며 파우더를 발라 유분을 제거한다.

5. 미세한 펄이 가미된 섀도로 눈 밑과 T존, 턱에 발라 얼굴의 광채를 표현하고, 섀딩 파우더로 헤어라인을 쓸어 얼굴 윤곽을 살린다.

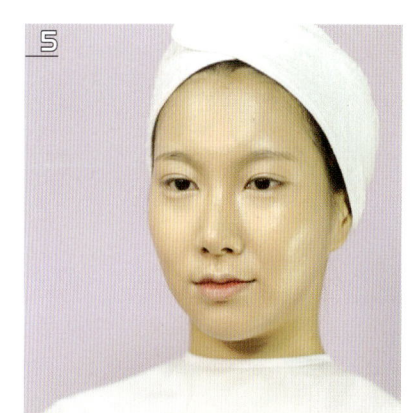

| 눈, 볼, 입술 |

1. 스크루 브러시로 눈썹을 털어 정리하고, 펄이 없는 라이트 브라운으로 눈썹의 형태를 잡으며, 모발과 유사한 아이브로펜슬로 눈썹 사이를 메우듯 그린다.

2. 눈두덩 전체에 라이트 브라운 섀도를 넓게 펴 바르고, 언더까지 자연스럽게 연결한다.

3. 붉은 빛이 도는 다크 브라운 섀도로 쌍꺼풀 라인까지 자연스럽게 그라데이션 한다.

4 아이라이너는 눈 점막 속눈썹 사이를 메우듯 그려 선명하게 연출한다.

5 다크 브라운 섀도를 아이라인 위로 덧발라 눈의 음영을 강조하고 언더도 자연스럽게 연결한다.

6 뷰러로 자연 속눈썹을 컬링하고, 인조 속눈썹을 가까이 붙여 풍성하게 연출한다.

7 마스카라를 이용하여 자연 속눈썹과 인조 속눈썹을 자연스럽게 연결한다.

8 장밋빛 컬러로 치크의 애플존 전체를 감싸듯 넓게 터치하고, 작은 브러시로 얼굴의 혈색을 표현한다.

9 치크와 같은 계열로 입술 중앙부터 도톰하게 발라 자연스럽게 마무리한다. 립글로스를 입술 중앙에 발라 입체감을 더할 수 있다.

6. Party Makeup

> 파티 메이크업 : 화사한 피부, 크고 화려하게 반짝거리는 아이 메이크업이 중요!

피부

1. 펄이 가미된 글로우 베이스를 얼굴 전체에 도포, 라텍스 스펀지로 밀착하여 화사한 피부 톤을 만든다.

2. 모델의 피부 톤보다 밝은 파운데이션을 가볍게 두드려 얼굴에 밀착시킨다.

3. 밝은 컨실러로 하이라이트를, 한 톤 어두운 파운데이션으로 턱과 헤어라인에 윤곽을 표현한다.

눈, 볼, 입술

1. 눈썹은 모델의 눈썹 모양에서 눈썹 산을 살려 우아한 이미지를 연출한다.

2. 피치 계열의 섀도를 눈두덩 전체에 발라 베이스를 삼고, 펄이 가미된 코랄 계열의 섀도로 눈꼬리부터 눈동자 중앙까지 그라데이션 한다.

3. 펄 카키 브라운 섀도를 아이라인 가깝게 그려 눈에 깊이를 더한다.

4. 글리터 섀도를 눈동자 부분에 얹듯 바르고, 남은 여분으로 눈 앞머리와 눈꼬리 쪽을 가볍게 터치한다.

5. 글리터 섀도 위로 젤 아이라이너, 펜슬 아이라이너, 섀도 아이라이너 등을 고르게 이용하여 눈매를 길게 표현한다.

6. 뷰러로 속눈썹을 컬링, 길고 자연스러운 인조 속눈썹을 모델의 눈 길이에 맞게 잘라 붙인다.

7. 피치 컬러의 섀도로 광대에서 사선으로 가볍게 터치하며 그라데이션 한다.

8. 입술은 베이지 컬러에 오렌지 컬러를 덧발라 완성한다.

http://1qpassacademy.com

http://1qpassacademy.com

필기시험

Written test for Make up artist
National Technical Qualifications

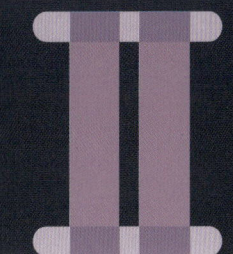

01 과목별 핵심요약	1과목	메이크업 개론
	2과목	메이크업 시술
	3과목	공중위생관리

02 기출문제와 해설	기출문제 1회
	기출문제 2회

03 적중 모의고사	모의고사 1회
	모의고사 2회
	모의고사 3회

01 | 과목별 핵심 요약

1과목 메이크업 개론

1 메이크업의 이해

01 메이크업의 개념

① **사전적 의미** : '제작하다', '보완하다', '완성시키다'라는 뜻

② **일반적 의미** : 신체적 아름다운 부분을 돋보이게 하고 약점이나 결점은 수정하거나 보완하는 미적 가치 추구 행위

③ **메이크업의 4대 목적**
- 본능적 목적 : 이성에게 성적 매력을 표현하는 수단으로 사용
- 실용적 목적 : 자신을 보호하거나 같은 종족임을 표시하는 수단으로 사용
- 신앙적 목적 : 종교적 의미로 행해져 오다가 메이크업으로 변천
- 표시적 목적 : 신분이나 계급, 미혼 또는 기혼을 표시하기 위한 목적으로 사용

④ **메이크업의 기원** : 장식설, 위장설, 신체 보호설, 신분 표시설(표시 기능설), 종교설, 미화설

⑤ **메이크업의 기능** : 사회적 기능, 보호 기능, 미화의 기능, 심리적 기능

02 한국 메이크업의 역사

① **고조선** : 쑥과 마늘을 이용하여 희고 건강한 피부를 만들기 위해 사용하고 깨끗하고 흰 피부의 담백함과 멋내기를 즐겼던 시대

② **고구려**
- 요염한 자태를 나타내는 화장법으로 눈썹은 짧고 뭉툭하게 그리고 입술과 볼에 연지를 바름
- 남녀모두 모두 깨끗한 옷을 즐겨 입고 신분과 직업에 따라 다르게 치장을 함

③ **백제**
- 두발과 화장으로 신분을 나타내고 화장하고 분을 바르되 연지를 바르지 않고 은은한 화장을 좋아함
- 화장품 제조 기술과 화장 기술을 일본에 전파

④ **신라** : '영육일치' 사상으로 남녀 모두가 자신의 외모와 미에 높은 관심이 고조되어 청결과 목욕을 중시하고 모든 여성들은 향낭을 차고 귓볼을 뚫어 귀고리를 착용하고 장도를 지님

⑤ **통일 신라** : 통일 이전에는 엷은 화장을 이후에는 중국여인들의 짙은 색조 화장을 모방하여 화려했을 것으로 추측됨

❻ **고려** : 분대화장은 기생 중심의 짙은 화장, 비분대 화장은 여염집 부인 중심의 옅은 화장을 하였으며 (화장의 이원화) 불교의 영향으로 향낭을 착용

❼ **조선**
- '규합총서'에 화장품 제조 방법 및 화장 방법을 수록하고 화장의 이원화는 조선시대에도 뚜렷해지고 세분화 됨
- 보염서라는 기관에서 궁중화장품을 전담하여 만들었으며 일시적이긴 하나 궁중에 화장품 생산을 전담하는 관청을 설치

❽ **개화기~근대** : 강화도 조약 이후 청나라와 일본을 통해 서구식 메이크업과 화장을 유입하고 제조 허가 1호를 받은 1916년 '박가분' 제조 및 판매를 시작했고 1937년 박가분의 납 성분을 제거한 서가분 출시

❾ **근대~현대** : 1957년 미스코리아 대회가 개최되고 오드리 햅번과 마릴린 먼로의 패션과 미용법이 유행하였고 2000년대에는 유광, 물광과 같은 피부 질감 메이크업이 유행, 스모키, 레트로 메이크업 등 다양한 유행 메이크업 공존

03 서양 메이크업의 역사

❶ **고대**

이집트	• B.C. 3000년경, 종교적·의학적 목적의 메이크업 • 백납과 향유 사용 • 콜(khol)을 이용한 눈 화장, 헤나 사용
그리스	• 과도한 화장보다는 목욕 문화 발달 • 하얀 피부를 선호하여 백납성분으로 된 안료를 발라 피부톤을 새하얗게 표현하고 눈썹을 검게 강조
로마	• 머리는 금발을 염색하거나 가발을 사용 • 사교 문화가 발달하고 우유나 포도주로 얼굴 마사지

❷ **중세**
- 종교적인 영향으로 가발 사용, 화장 금지
- 넓은 이마, 갈색 아치형의 눈썹을 선호하고 여성들의 얼굴을 창백하게 하고 치아를 상아처럼 보이게 하는 화장법 유행

❸ **르네상스(15C)**
- 눈썹은 뽑아버리고 뺨과 입술에 가볍게 색조화장
- 흰 피부를 선호하고 가슴까지 백분을 바르고 머리에서 발끝까지 전신 화장

❹ **엘리자베스(16C)** : 미인형으로 창백한 피부와 붉은 머리, 길고 가는 매부리코, 강조된 넓은 이마와 붉은 입술을 표현하는 과도한 화장품 사용

❺ **바로크(17C)**
- 퐁탕주 헤어 유행, 붉은 연지, 장미꽃같은 입술, 살이 찌고 둥근 용모 유행
- 얼굴에 패치(patch) 및 뷰티 스폿, 무슈 등의 애교 점 유행

❻ **로코코(18C)** : 백납분을 사용해 하얀 피부를 표현하고 피부 화장을 두껍게 하였으며 남녀 모두 아래 눈꺼풀에 짙은 화장 남성에게도 여성 화장과 같은 습관화

❼ **근대(19C)**
- 위생과 청결을 중시, 자외선 차단제 개발 산업 혁명으로 화장품 대량 생산
- 휴대용 파우더, 파우더형 블러셔, 수분크림, 로션 종류가 인기

❽ **1900년~1910년대**
- 오리엔탈 풍의 영향을 받고 작고 진한 입술, 붉은 색조로 동양인처럼 표현
- 1차 세계대전이후 여성해방의 주된 변화를 가져옴

❾ **1920년대**
- 여성들의 사회진출로 여성들의 지위 향상
- 모발과 치마 길이가 짧아지고 보브(Bob)스타일의 헤어가 유행 빨간 작고 각진 입술 표현

❿ **1930년대**
- 아이홀의 깊은 음영과 긴 속눈썹과 활모양의 가는 적갈색의 둥근 눈썹
- 여성잡지의 발달과 광고의 확대로 영화배우의 숭배 시작

⓫ **1940년대**
- 두껍고 또렷한 곡선 형태의 눈썹과 볼륨이 느껴지는 도톰한 입술 표현
- 대부분의 여성이 화장을 하고 보헤미안풍 유행

⓬ **1950년대**
- 밝은 색의 피부 톤, 눈썹 산을 바깥쪽으로 치켜 올리고 아이홀에 살구색과 밝은 브라운 톤으로 음영을 줌 눈꺼풀은 짙게 화장하고 아이라이너로 길게 꼬리를 표현
- 입술은 윤기 있는 레드컬러로 정열적으로 표현하고 탈색한 블론드 모발색이 유행

⓭ **1960년대** : 귀여운 인형 같은 메이크업으로 트위기(Twiggy) 스타일이 유행하고 자유분방한 헤어스타일이 인기

⓮ **1970년대**
- 사회적 불만을 표출한 펑크스타일이 등장하고 머리와 얼굴에 문신을 하고 다른 여러 스타일들이 진열되어 충격과 놀라움을 불러일으킴
- 아이섀도의 색조가 다양해지고 보색을 사용하는데 관심을 가짐

⓯ **1980년대**
- 컬러 tv가 등장하면서 색상 혁명 화려한 컬러 사용
- 80년대 말에는 여성스러움이 강조된 내추럴 풍이 사랑받게 됨
- 볼연지를 은은하게 하고 눈 밑에 짙은 아이라이너로 선을 긋고, 눈꺼풀에는 보색인 보라와 금빛 짙은 핑크와 초록, 주황과 파랑으로 도포함

- ⑯ 1990년대 : 색조보다는 피부에 관심이 많아지고 투명한 피부를 그대로 드러내는 것이 트렌드
- ⑰ 2000년대
    - 근본적인 것에서 우러나는 순수함이 부각되고 여러 가지 트렌드가 공존하는 시대
    - 개인의 개성에 맞는 메이크업을 표현
- ⑱ 21세기
    - 다양한 스타일이 공존되고 메이크업과 헤어는 펄 제품 사용의 대중화
    - 인터넷의 발달로 유행의 흐름이 빠르게 진행

2 메이크업 위생관리

04 메이크업 위생관리

1. **단정한 복장과 용모**
    - 깔끔하고 단정한 헤어, 메이크업, 복장 상태 유지
    - 너무 화려하고 과한 치장보다는 작업 능률이 향상될 수 있는 편안한 복장 유지
2. **청결한 위생상태**
    - 고객과의 가까운 거리 유지로 구강상태와 손 관리
    - 도구와 기기 등의 청결과 위생에 유의하여야 함
    - 작업 공간의 잦은 환기와 조명 등에도 신경 써야 함

3 메이크업 재료·도구 위생관리

05 메이크업 재료·도구 위생관리

1. **브러쉬**
    - 전용 세척제를 사용하거나 액상 비누를 손바닥에 덜어 물에 적신 다음 살살 문지르듯이 세척
    - 잔여물이 남지 않도록 하고 린스나 컨디셔너를 이용
    - 손으로 브러쉬 모양을 잡아 그늘에서 종이 타월이나 수건에 뉘어서 말림
2. **스펀지**
    - 사용량이 많으므로 여러 개를 준비하여 컬러별로 교체
    - 미지근한 물에 샴푸를 사용에 손가락에 힘을 주지 않고 위, 아래로만 부드럽게 터치해 흐르는 물에 여러 번 빨아서 그늘에 건조시킴
3. **퍼프** : 샴푸 한두 방울을 손바닥에 올려놓고 시계방향으로 접어 비비고 흐르는 미지근한 물에 헹궈내서 손바닥으로 눌러 짠 다음 그늘에서 말림

4 메이크업 작업자 위생관리

06 메이크업 작업자 위생관리

친절하고 예의바른 태도, 고객을 존중하는 커뮤니케이션 능력, 숙련된 기술과 전문가로서의 자신감을 가지고 고객을 응대해야 함

5 피부의 이해

07 피부의 개요

① 피부는 신체의 내부 환경을 보호하고 유지하는 역할을 하는 기관
② 표피, 진피, 피하조직의 3층 구조로 되어있음
③ 세균의 침입으로부터 신체를 보호할 수 있는 항균력을 지닌 기관
④ 피부의 기능

보호 기능	• 물리적, 화학적 방어 기능 • 세균침입에 대한 보호 기능 • 랑게르한스세포는 병원균에 대한 항체생성 면역 기능 • 외부자극으로부터 피부를 보호
체온 조절 기능	• 외부의 열을 차단 • 체온을 조절
분비 및 배설 기능	• 노폐물의 배설작용 • 피지와 땀 분비작용
감각 작용	• 외부의 자극을 받아들여 반사작용을 통해서 몸을 방어 작용 • 냉각과 온각을 통한 땀의 분비 촉진 작용
저장 기능	• 표피 : 수분보유 기능 • 피하지방층 : 칼로리를 지방의 형태로 저장 • 진피 : 수분과 전해질 저장
방어, 면역 기능	• 물리적, 화학적 방어 작용 • 세균의 억제 기능
흡수 작용	• 피지선, 피부 세포를 통하여 흡수 작용
비타민 D 형성 작용	• 과립층에서 프로비타민 D를 비타민 D로 전환
멜라닌 생산	• 햇빛을 통해 멜라닌을 생산하고 유해한 자외선으로부터 피부 보호 작용
호흡 기능	• 신진대사 후 발생하는 이산화탄소를 피부 밖으로 방출

08 피부의 구조

❶ 표피

- 가장 바깥 표면에 있는 부분으로 편평한 층으로 이루어진 상피
- 외부의 유해물질, 균이 침입하는 것을 방어하는 작용
- 표피의 구조

각질층	• 표피의 가장 바깥층 • 케라틴, 천연보습인자, 지질 등이 존재 • 무핵의 세포체, 수분량은 15~20%
투명층	• 손바닥, 발바닥에 존재하는 생명력이 없는 무색, 무핵 세포 • 투명한 세포층으로 엘라이딘(elaidin)이라는 반유동적 단백질이 존재
과립층	• 피부 건조를 방지하는 중요한 역할 • 유핵과 무핵세포가 공존 • 비타민 D 합성
유극층	• 면역기능이 있는 랑게르한스세포 존재 • 표피 중 가장 두꺼운 층으로 유핵 세포층으로 세포 재생이 가능 • 림프액이 존재하여 영양공급, 노폐물 배출, 혈액순환 촉진
기저층	• 멜라닌을 생성하는 멜라노사이트가 있어 피부색과 모발색을 결정 • 세포분열을 통해 새로운 세포를 형성 • 표피의 가장 깊은 층으로 원통형이나 장방형의 단층으로 구성

❷ 진피

- 피부 부속기관인 혈관, 지각신경, 자율신경, 림프관, 한선, 피지선, 모발 및 입모근 등이 있음
- 결합조직으로 세포들과 풍부한 세포 외 기질로 구성
- 진피의 구조

유두층	• 혈관이 집중되어 있어 상처회복 기능 • 표피의 기저층과 이어져 기저층에 영양분을 공급 • 유두모양의 돌기 형태를 이룸
망상층	• 교원섬유와 탄력섬유로 이루어진 그물 모양의 피하조직과 연결 • 랑게르선이 존재하여 상처의 흔적이 최소화
기질	• 진피의 결합섬유 사이를 채우는 물질 • 섬유성분과 세포 사이를 채우는 무정형의 물질 • 친수성 다당체로 물에 녹아있는 액체 상태로 존재

❸ 피하지방층

- 진피와 근육 뼈 사이에 위치
- 피하지방층은 지방으로 구성
- 지방층은 영양과 에너지 보관소의 역할

09 피부 부속 기관의 구조 및 기능

❶ 모발(털)

- 모발의 특징 : 피부표면을 보호하며 손바닥, 발바닥, 입술, 눈꺼풀을 제외한 전신에 존재
- 모발의 기능 : 보호 기능, 지각 기능, 장식 기능, 노폐물 배출 기능, 충격완화 기능 등
- 모발의 구조

모근 (피부 내부에 있는 모발)	모낭	• 모근을 감싸고 있는 주머니 • 각각의 모발은 피부의 두께와 위치에 따라서 다른 모낭을 가지고 있음
	모구	• 모근의 뿌리 부분이며 전구모양으로 털 성장 부위
	모모세포	• 모발 형성과 세포분열 증식에 관여
	모유두	• 유두의 형태로 모발의 영양공급 관여하는 혈관과 신경이 존재 • 모발의 성장을 담당
모간 (피부 밖으로 나와 있는 모발)	모표피	• 모발의 가장 외부에 위치해 있는 층(가장 바깥층) • 얇고 딱딱한 비늘 모양의 친유성 보호층
	모피질	• 모발의 85~90%를 차지 • 3층 중에서 가장 두껍고 모발을 지탱하는 층 • 멜라닌을 함유하고 있음 • 모발의 탄력, 강도, 질감 모양과 같은 물리적·화학적인 성질을 좌우하는 부분
	모수질	• 모발이 중심부에 벌집형태의 세포로 존재 • 경모에 존재하고 연모에는 없음
	입모근	• 털세움근 또는 기모근 • 불수의근의 근육으로 추위, 무서움 등 자율신경계에 영향을 받아 수축·이완 작용을 함

- 모발의 성장주기

성장기	• 세포분열이 가장 활발한 시기 • 성장기간은 남성 3~5년, 여성 4~6년
퇴화기	• 성장의 끝을 나타내는 신호이며 3주 정도 지속되는 짧은 기간 • 전체 모발의 1~2%를 차지
휴지기	• 성장이 멈추는 정지 단계 • 퇴행기가 끝나면 모낭은 3개월 정도의 휴지기를 가짐 • 전체 모발의 10~15% 정도

❷ 손발톱

- 손발톱의 특징
  - 표피성 반투명한 케라틴 단백질의 각질세포로 구성
  - 비타민이나 미네랄 등의 결핍 현상 시 영향을 받음
- 손발톱의 구조

조근(nail root)	얇고 부드러운 피부로 손톱이 자라기 시작하는 부분
조체(nail body)	육안으로 보이는 손톱 부분이며 아랫부분은 약하나 위로 갈수록 강한 강도를 지님
자유연(free edge)	손톱의 끝부분으로 잘려나가는 부분
조상(nail bed)	조체 밑에 있는 피부로 지각신경조직과 모세혈관이 있으며 조체를 받쳐주는 역할
조모(nail matrix)	손톱의 성장이 진행되는 곳으로 신경, 혈관 및 세포의 작용을 함
반월(lunula)	조체의 시작부분으로 완전히 케라틴화 되지 않은 반달모양의 흰색 부분
큐티클(cuticle)	조소피라고도 하며 미생물 등의 병균침입으로부터 조갑을 덮어 보호하는 역할
네일 폴드(nail fold)	손톱 주변을 감싸고 있는 피부로 손톱의 모양을 지지
하이포니키움(hyponychium)	손톱아래 살과 연결괸 끝부분으로 박테리아의 침입을 막아줌
이포니키움(eponychium)	루눌라를 덮고 있는 손톱위의 얇은 피부조직
네일 그루브(nail groove)	네일 베드의 양측면에 좁게 패인 곳
네일 월(nail wall)	손톱 측면의 피부로 손톱과 밀착하여 고정 시켜줌

❸ **한선(sweat gland)**
- 땀샘이라고 하며 소한선과 대한선으로 구분
- 체온조절과 노폐물 배출, 피지와 함께 피부를 보호하는 역할
- 한선의 종류

소한선 (eccrine sweat gland)	• 일반적으로 말하는 땀샘 • 대한선보다 작아 소한선이라고 함 • 입술과 음부를 제외한 전신에 분포 • 특히 손바닥과 발바닥에 가장 많음 • 노폐물 배설, 체온 조절, 피부 건조 방지(pH 4.5~6.5의 약산성) • 거의 전신에 분포하며 무색, 무취로 99%가 수분
대한선 (apocrine sweat gland)	• 겨드랑이, 유두, 외음부, 배꼽, 항문 주변에 분포한 땀샘 • 대한선은 소한선보다 더 크고 진피의 깊숙한 곳에서 시작되므로 단백질이 많은 진한 땀을 배출함 • 태아기 때는 전신에 분포하나 출생 후 점차 활동이 없어지고 사춘기 이후에 성호르몬의 영향을 받아 분비가 다시 왕성해짐 • 대한선에서 분비되는 액체는 흰색 또는 노란색을 띠며 점성이 있는 액체로 개인 특유의 체취를 나타내는데 이는 한관 내부에 있는 박테리아균의 의해 부패되어 생기는 것 • 이와 같은 체취를 암내 또는 액취증이라 부름

❹ **피지선(sebaceous gland)**
- 피부 표면에 지질을 분비하는 부속기관으로 모공을 통해 피지가 배출됨
- 피지선의 대부분은 모낭과 연관되어 있으나 유두, 입술, 구강, 점막, 눈꺼풀과 같은 얇은 점막에는 피지선이 직접 피부와 연결되어 분비되므로 이를 독립 피지선(free sebaceous gland)이라 함
- 피지는 땀과 함께 피지막을 형성하고 모발과 피부에 윤기를 주며 피부 각질층의 수분방출을 억제하는 역할을 함

10 피부 유형 분석

❶ 피부유형별 특징 및 관리방안

피부 유형	피부 특징	관리방안
정상 피부 (normal skin)	• 세안 후 당김이 거의 없음 • 피부 결이 곱고 부드러우며 섬세함 • T존 주변에 약간의 모공이 보이고 그 외엔 모공이 거의 보이지 않음 • 주름이 거의 보이지 않음	• 현재 상태를 잘 유지하는 데 목적이 있음 • 규칙적인 피부 관리를 통해 피부의 유수분 밸런스를 유지하는 데 중점을 두고 연령이나 계절에 따른 관리를 함
건성 피부 (dry skin)	• 건조 시 갈라지는 현상이 있음 • 세안 후 아무것도 바르지 않으면 당김 • 모공이 거의 보이지 않음 • 유수분 부족 건성과 수분부족 건성으로 나눌 수 있음 • 탄력이 없으며 잔주름이 생기기 쉽기 때문에 노화가 빨리 올 수 있음 • 피부결이 얇고 섬세함	• 알코올 함량이 적은 화장품 사용 • 수분보다는 유분이 많은 화장품 사용 • 마사지를 통해 혈액 순환을 촉진
지성 피부 (oily skin)	• 모공이 크고 피부결이 고르지 않음 • 피부 노화가 천천히 진행 • 메이크업의 유지력이 오래 지속되지 않고 화장이 밀림 • 과도한 피지분비로 인해 피부 트러블 발생	• 알코올이 함유된 산뜻한 타입의 화장수 사용 • 각질제거(필링)를 주 2~3회 정도 실시 • 청결 효과의 수분팩을 자주 함
민감성 피부 (sensitive skin)	• 피부 붉음증과 염증 또는 혈관 확장 및 파열 등이 나타날 수 있음 • 건조해지기 쉬우며 각질층이 얇아 피부 보호기능이 떨어짐 • 피부 색소침착 현상이 나타남 • 피지분비량이 고르지 못한 복합성 피부 상태일 경우가 많음	• 무향료, 무알코올 화장품을 사용 • 미온수로 세안하고 부드러운 로션타입의 클렌징을 사용 • 피부에 자극을 피하고 식습관의 조절과 충분한 수분을 공급하고 진정을 함
복합성 피부 (combination skin)	• 2가지의 이상의 피부 성질 • T존은 지성피부의 성상이 나타나고 U존은 건성피부의 성상이 확연하게 차이나는 피부 • 눈가주름이나 광대뼈 부분에 색소침착이나 기미가 발생	• 2가지 타입의 필링제, 클렌징을 사용 • 건조한 부위는 보습 효과를 주고 지성인 부위는 청결위주의 관리와 수렴 효과의 화장수를 사용
노화 피부 (aging skin)	• 피부 재생이 느리고 땀과 피지 분비가 적음 • 각질층이 두껍고 색소 침착으로 안색이 불균형함 • 얼굴 전체에 잔주름이나 굵은 주름이 두드러져 보임	• 유분기가 있는 화장품 사용 • 영양 공급과 혈액 순환 촉진을 위한 피부 관리를 함

11 피부와 영양

❶ **영양소** : 생명활동에 필요한 에너지를 제공하거나 몸이 구성 성분 또는 몸의 생리 기능을 조절하는 물질들을 지칭하는 말

❷ **3대 영양소**

탄수화물	• 탄소(C), 수소(H), 산소(O)로 이루어진 유기물 • 주 에너지원
단백질	• 효소, 호르몬 등 신체를 이루는 주성분 • 몸에서 물 다음으로 많은 양을 차지함
지방	• 지방산과 글리세롤이 결합한 유기 화합물 • 1g당 약 9kcal의 열량을 내는 중요한 영양소 • 체온 유지, 충격 완화, 성장과 신체 유지에 중요한 요소

❸ **5대 영양소**

탄수화물	• 우리 몸이 필요로 하는 에너지 대부분을 공급하는 열량원 • 뇌의 유일한 에너지원
지방	• 지방, 기름, 지방 유사 물질 등을 통합한 천연 화합물의 통칭 • 에너지를 저장하여 체온 조절, 피부건조 방지, 윤기 등 피부 보호
단백질	• 머리카락, 피부, 손톱, 발톱 등 우리 몸의 25%에 해당하는 부위를 구성하는 영양소 • 호르몬과 면역 물질도 생성하며 피부, 근육, 머리카락, 손톱 등 우리 몸을 이루는 모든 것들의 원료
비타민	• 성장 및 생명 유지에 꼭 필요한 유기 영양소 • 신체 기능 조절, 면역 기능 강화, 세포의 성장 촉진, 생리 대사에 보조적 역할
무기질	• 생체의 발육과 신진대사 기능을 원활하게 해주는 필수 영양소 • 체액 균형 유지, 세포 기능 활성화에 필요한 영양소

❹ **식이요법**: 균형 잡힌 식단이 되도록 지방, 탄수화물 섭취는 줄이고 양질의 단백질 섭취를 높이고 충분한 수분과 무기질, 비타민을 섭취하고 평소 소량의 식사와 염분을 적게 섭취

❺ **비만관리의 필요성**
- 세계보건기구(WHO)는 1996년 5월 비만을 독립적인 관리가 필요한 질환으로 분류
- 비만은 외모상의 문제뿐만 아니라 심질질환, 고혈압, 동맥경화, 고지혈증, 지방성간, 불임 등 각종 암 등을 유발시키는 주된 요인, 장수의 최대의 적이며 사망률 증가의 결정적 요소

❻ **수분 공급**
- 신체에 대사를 도와 영영과 노폐물 제거를 촉진
- 수분 부족은 피부를 건조하게 만들어 보습력을 저하, 노화를 촉진

❼ 영양소 부족과 피부의 관계

탄수화물	• 결핍 시 : 피부질환 • 과잉 시 : 피지 과다 분비로 피부염 촉진, 부종
지방	• 결핍 시 : 피부 윤기 저하, 노화 촉진 • 과잉 시 : 콜레스테롤이 혈관 노화를 촉진

❽ 올바른 체형 관리
- 다양한 식품을 균일하게 섭취하고 규칙적인 운동
- 성인의 경우 1일 권장 섭취량
  - 남성 : 2,500kcal
  - 여성 : 2,000kcal

12 피부와 광선

❶ 자외선
- 자외선의 정의
  - 눈에 보이지 않는 광선으로 파장의 길이가 200~400nm
  - 피부에 생물학적인 반응을 유발하는 광선
  - 강한 살균, 소독 기능 – 화학선
- 자외선의 종류

자외선 A (UV A 320~400nm)	• 장파장으로 실내 유리창을 통과하며 날씨와 관계없이 흐린 날에도 존재하여 생활자외선이라 함 • 진피의 콜라겐, 엘라스틴의 변성을 일으켜 피부 노화나 색소 침착을 일으키기도 함
자외선 B (UV B 280~320nm)	• 중파장으로 표피 기저층 또는 진피층까지 도달하며 프로비타민 D를 체내에 합성함 • 단시간에 일광화상, 홍반 등의 피부 손상을 주며 피부암을 일으키기도 함
자외선 C (UV C 200~280nm)	• 단파장으로 에너지가 가장 강한 자외선 • 오존층의 흡수로 지표면에는 도달하지 않음 • 살균력이 강해 살균소독기에 이용됨

❷ 적외선
- 적외선의 정의
  - 가시광선보다 파장이 길며 원적외선, 중적외선, 근적외선으로 나뉨
  - 피부에 이로운 영향을 주는 광선
  - 피부 표면에 해가 없이 깊숙이 흡수되어 열을 발생하는 작용을 하기 때문에 열선이라 함

- 적외선의 종류
  - 근적외선 : 진피 침투, 자극 효과
  - 원적외선 : 표피 전층 침투, 진정 효과
- 적외선이 피부에 미치는 영향
  - 가시광선의 적색선보다 바깥쪽에 위치한 전자기파
  - 근육의 이완을 촉진시키고 통증이나 긴장감을 완화시켜주기 때문에 근육치료에 많이 쓰임
  - 제품의 흡수율을 높임
  - 피부세포의 활성을 촉진시키며 혈액순환을 도움

13 피부면역

❶ 면역의 정의
- 외부로부터 침입하는 미생물이나 화학물질에 대해 피부, 점막, 골수, 림프계, 흉선 등 인체를 보호하기 위해 가동되는 방어 체계
- 면역체계에 주로 작용하는 세포와 기관은 백혈구, 혈장세포, 대식세포, 림프절, 비장, 골수, 흉선 등이 있음

❷ 면역의 종류

자연 면역 (비특이성 면역, 선천적 면역)	• 선천적으로 타고난 저항력 또는 방어력 • 병을 스스로 치유해 나가는 면역 • 체내로 침입한 이물질을 비만세포, 백혈구, 탐식세포 등이 제거하는 것
획득 면역 (특이성 면역, 후천적 면역)	• 체내에 침입한 물질을 림프구가 영구적으로 기억하여 똑같은 종류의 항원이 체내에 들어왔을 때 그 항원을 인식하여 림프구가 활성화 되고 항원을 배제하는 것

❸ 면역 체계
- 항원(antigen) : 자신의 정상적 구성 성분과 다른 이물질이 체내에 들어 왔을 때 면역계를 자극하여 이물질에 대응하는 특이한 항체 형성을 유도하고 만들어진 항체와 반응하는 물질
- 항체(antibody)
  - 고분자 단백질로 면역글로블린이라 하는데 세균이나 다른 세포에 대해 이를 응집시키거나 용해시켜 이물질의 침입을 방어함
  - 항체는 항원에 대응하는 개념상의 용어이며 면역글로불린은 그 기능을 담당하는 실제 물질
- 림프구 : 항체를 형성하여 감염에 저항, 골수에서 유래, B림프구와 T림프구의 상호 작용

B림프구	면역글로불린, 독소와 바이러스를 중화, 세균을 죽이는 면역 기능 수행
T림프구	혈액 내 림프구의 90% 구성, 항원을 직접 공격하여 파괴, 세포성 면역 반응을 유도

- 식세포 : 미생물이나 이물질을 잡아먹는 식균 작용을 하는 세포의 총칭, 체내 1차 방어계를 뚫고 들어온 이물질 제거

14 피부노화

❶ 노화의 원인에 따른 분류

내인성 노화(유전, 생리 요인)	외인성 노화(환경 요인)
• 시간에 의해 자연적으로 발생 • 표피와 진피의 구조적 변화로 피부가 얇아짐 • 영양 교환의 불균형, 피지 분비 저하로 피부 윤기 감소 • 수분 부족 현상으로 주름 생성 • 세포 재생 주기의 지연으로 상처 회복 둔화 • 자외선 방어 능력 저하, 면역력 및 신진 대사 기능 저하	• 자외선에 의한 DNA 파괴는 피부암으로 발전 가능성이 있음 • 탄력 저하로 주름 생성 및 색소 침착 • 피부 건조로 각질층의 두께가 두꺼워짐

15 피부 장애

❶ 원발진

- 건강한 피부에 처음으로 나타나는 병적 변화
- 종류

반점	주변 피부색과 달리 경계가 뚜렷한 타원형으로 기미, 주근깨, 몽고반점 등
홍반	모세혈관 울혈에 의한 피부 발작 상태
구진	경계가 뚜렷한 직경 1cm 미만의 단단한 융기물로 주변 피부보다 붉음
농포	피부 표면에 황백색 고름으로 처음에 투명하다 점차 혼탁해져 농포가 됨
팽진	피부 표면이 부풀어 오른 발진, 가려움을 동반하여 시간이 지나면 사라짐(두드러기)
소수포	표피에 액체나 피가 고이는 피부 융기물, 2도 화상
수포	피부 표면에 부풀어 올라 그 안에 액체가 들어있는 것으로 1cm 이상의 혈액성 물질
결절	구진보다 크고 주위와 비교적 뚜렷하게 구별될 수 있을 정도로 융기된 것, 진피나 피하 지방층에 형성, 통증 수반, 흉터 등
종양	직경 2cm 이상의 피부 증식물, 여러 가지 모양과 크기가 있으며 양성과 악성이 있음
낭종	주위 조직과 뚜렷이 구별되는 막, 심한 통증과 흉터

❷ 속발진

- 원발진에서 이어지는 병적 변화로 회복, 외상의 후기 단계
- 2차적 증상이 더해지는 병변
- 종류

인설, 비듬	표피성 진균증, 건성 등에서 많이 나타남
가피	혈청, 혈액, 고름 등이 건조해서 굳은 것(딱지)
표피 박리	긁거나 벗겨지거나 혹은 기계적 자극으로 인해 생긴 표피 결손
미란	염증으로 인해 표피가 제거되어 짓무른 상태, 수포나 농포가 터졌으며, 치유되고 나면 흔적을 남기지 않음

균열	심한 장기간의 염증으로 인해 진피까지 깊게 찢어진 상태
궤양	염증성 괴사, 피하조직에 이르는 결손으로 상처를 남김
반흔	흉터, 상흔, 피부가 재생되면서 만들어진 부분, 다소 융기되어 있음
켈로이드	상처의 치유과정에서 진피의 교원질이 과다 생성되어 흉터가 피부 표면에 융기한 것
위축	진피 세포나 성분 감소로 피부가 얇아져 잔주름이 생기거나 둔탁한 광택이 남
태선화	장기간에 걸쳐 굵고 비벼서 건조화 된 것, 만성 소양증

16 피부 질환

❶ 과색소 침착증

주근깨	• 선천성으로 사춘기 전후 발생 • 여름철에 증가, 색이 진해진 뒤 겨울에 소멸하거나 흐려짐 • 백인에게 많이 발생
기미	• 후천성, 연한 갈색 및 흑갈색으로 다양한 크기와 불규칙한 모양 • 임신 기간이나 폐경기에 발생하며 자외선에 의해 더 진해짐 • 유전적 요인에 의해서도 발생
릴 안면 흑피종	• 진피 상층부에 멜라닌이 증가하여 발생 • 이마나 뺨 등 암갈색 색소가 넓게 나타남 • 피부에 염증이 생기고 일광에 의해 검게 됨 • 백인보다는 흑인에게, 40대 이후 여성에게 많이 나타남
오타씨 모반	• 눈 주위, 관자놀이, 코, 이마에 나타나는 갈색이나 흑청색을 띠는 반점 • 멜라닌 세포의 비정상적 증식으로 진피 내 존재 • 백인과 흑인에게는 드물고 남성보다는 여성에게 많이 발생
비립종	• 지방 조직의 신진 대사 저하로 인해 발생하는 좁쌀 크기의 작은 낭종 • 지름 1~4mm인 백색구진의 형태 • 표피 유핵층에 발생

❷ 저색소 침착증

백색종	• 선전적인 멜라닌 색소 결핍으로 자외선 방어 능력이 저하되어 일광 화상을 입기 쉬움 • 멜라닌 세포수는 정상이지만 멜라닌 소체를 만들지 못하는 질환
백반증	• 멜라닌 색소가 감소되어 생기는 후천성 색소 결핍 질환 • 다양한 크기 및 형태의 백색반

❸ 감염성 질환

농가진	• 여름철에 소아나 영유아에게 나타나는 화농성 감염 • 전염력이 높고 화농성 연쇄상 구균이 주 원인균 • 두피, 안면, 팔, 다리 등에 수포가 생기거나 진물이 나며 노란색 가피를 보임
절종(종기)	• 모낭과 그 주변 조직에 괴사가 일어난 것 • 절종이 뭉쳐 나타난 것이 종기

봉소염	• 초기에는 작은 부위에 홍반이나 소수포로 시작 • 점차 커져서 임파절 종대 • 전신 발열이 동반됨

❹ 바이러스 질환

단순 포진	• 수포성 병변으로 입술에 물집이 생기는 질환 • 일주일 이상 지속되다가 흉터 없이 치유
대상 포진	• 지각 신경절에 잠복해 있던 베리셀라-조스터 바이러스에 의해 발생 • 띠 모양으로 홍반이 생긴 후 물집이 생김 • 발진이 발생하기 약 4~5일 전부터 심한 통증이 있고 흉터가 생길 수 있음 • 수두 바이러스의 신경에 염증이 생기는 질환
사마귀	• 파필로마 바이러스에 의해 발생하며 벽돌 모양 • 소아에게 발생되며 전염성이 강해 다발적으로 옮김
수두	• 대상 포진 원인균과 같으며 10세 이하의 어린이에게 발생 • 모든 병변이 가피가 될 때까지 격리해야 함

❺ 진균성 피부 질환

족부 백선	무좀, 곰팡이에 의해 발생
두부 백선	두피에 발생, 피부 사상균에 의한 질환
조갑 백선	손발톱에 발생하는 진균증
칸디다증	모닐리아증(손, 발톱, 피부, 점막에 발생)

6 화장품 분류

17 화장품의 정의

인체를 청결·미화하여 매력을 더하고 용모를 밝게 변화시키거나 피부·모발의 건강을 유지 또는 증진하기 위하여 인체에 사용되는 물품으로서 인체에 대한 작용이 경미한 것

18 화장품의 4대 요건

❶ **안전성** : 피부에 대한 자극이나 알러지, 경구독성, 이물질 혼입이나 파손 등 독성이 없을 것
❷ **안정성** : 미생물 오염으로 인한 변질, 변치 등 시간이 경과하여도 제품에 변화가 없을 것
❸ **사용성** : 사용이 간편하고 휴대성 등 사용 시 편리, 향, 색 등이 취향에 맞을 것
❹ **유효성** : 보습, 세정, 자외선 차단, 노화 억제, 주름살 방지 효과 등

19 화장품의 분류

분류	사용 목적	주요 제품
기초 화장품	세정, 정돈, 보호	클렌징 워터, 로션, 크림, 폼, 마사지 크림, 수렴 화장수, 유연 화장수, 로션, 크림, 에센스, 팩, 딥 클렌징 등
메이크업 화장품	피부 표현, 결점 보완	파운데이션, 메이크업 베이스, 립스틱, 아이섀도, 마스카라 등
모발 화장품	세정, 정발, 트리트먼트	샴푸, 트리트먼트, 스프레이, 왁스, 젤, 퍼머넌트, 염모제 등
바디 화장품	세정, 보호, 탈취	바디클렌저, 바디스크럽, 바디오일, 바디로션, 핸드크림, 데오도란트 등
네일 화장품	미용, 보호, 향취	네일 에나멜, 네일 컬러, 큐티클 오일, 리무버, 네일 영양제 등
방향 화장품	향취	퍼퓸, 오데 코롱 등
기능성 화장품	주름 개선, 미백, 자외선 차단	아이 크림, 미백 크림, 선크림, 안티 에이징 제품 등

20 화장품의 유성 원료

❶ **천연 유성 원료** : 수분 증발 억제, 피부에 유연감과 광택 부여, 지용성, 인공 피지막을 형성하여 피부 보호

식물성 오일	• 호호바 오일 : 인체 피지 성분과 유사, 여드름 피부에도 적합 • 아몬드 오일 : 에몰리언트(피부 유연) 효과 • 올리브 오일 : 수분 증발 억제 효과 • 아보카도 오일 : 피부 친화성 탁월, 에몰리언트 효과 • 마카다미아 오일, 달맞이꽃 오일 : 피부 재생 효과 • 살구씨 오일, 해바라기 오일, 로즈 핍 오일 등
동물성 오일	• 라놀린 : 양털을 정제하여 추출, 보습제, 피부 유연 효과 탁월 • 밍크 오일 : 밍크의 피하 지방에서 추출, 재생 효과 • 스쿠알렌 : 상어 간에서 추출, 흡수성, 밀착력 • 에뮤 오일 : 에뮤의 앞 가슴살에서 추출, 항염증
식물성 왁스	• 호호바 왁스, 칸데릴라 왁스, 카르나우바 왁스
동물성 왁스	• 밀납 : 벌집에서 추출, 피부 친화성 높음, 립스틱 원료 • 라놀린 : 양모에서 추출, 밀착성 높음, 립스틱과 모발 화장품의 원료

❷ **합성 유성 원료**
- 광물성 오일(탄화수소) : 석유에서 추출, 천연 오일과 혼합 사용 시 효과적
- 유동 파라핀 : 정제가 쉽고 안전성이 높아 경제적, 클렌징이나 마사지 제품 등에 사용
- 바셀린 : 무취, 안정성 높음, 수분 증발 억제, 립스틱 등 메이크업 제품 등에 사용
- 실리콘 오일 : 내수성과 발수성이 높음, 워터프루프 화장품이나 샴푸 등에 사용
- 고급 지방산 : 천연 왁스의 에스테르에서 추출, 라우린산, 미리스틴산, 팔미트산, 스테아린산, 올레인산 등

- 에스테르 : 무색의 휘발성 액체, 사용감이 우수, 이소프로필 미리스테이트, 미리스틴산 이소프로필, 이소프로필 팔미테이트
- 고급 알코올 : 점도 조절, 유화 상태의 안정화 효과, 세틸알코올, 라우린산, 팔미틴산, 스테아릴 알코올

21 화장품의 수성 원료

❶ 물
- 정제수 : 화장품의 주원료가 되는 성분, 기초 물, 세균과 금속 이온(칼슘, 마그네슘 등)을 제거한 물, 세정액과 희석액으로도 사용
- 증류수 : 수증기가 된 물 분자를 차갑게 만든 물

❷ 에틸알코올(에탄올) : 휘발성, 무색, 투명, 알코올 함량 10% 내외로 함유, 친유성과 친수성이 동시에 존재하여 수렴 효과를 줌, 살균·소독 작용, 화장품용 에탄올은 변성제(메탄올)를 함유한 변성 알코올

22 기타 화장품의 원료

❶ 계면 활성제 : 물에 녹기 쉬운 친수성기와 기름에 녹기 쉬운 친유성기를 함께 갖고 있는 물질, 유화제

음이온성 계면 활성제	• 세정 효과 및 기포 형성 작용 우수 • 비누, 샴푸, 클렌징 폼 등에 사용
양이온성 계면 활성제	• 살균 소독 작용, 정전기 방지, 유연 효과 • 린스, 모발 트리트먼트에 사용
양쪽성 계면 활성제	• 세정력, 살균력, 유연성 • 저자극 샴푸, 베이비 샴푸, 세정제에 주로 사용
비이온성 계면 활성제	• 독성이 가장 적음 • 클렌징 크림의 세정제, 산성의 크림, 화장수 등에 사용

❷ 보습제 : 피부 건조 방지, 수용성 물질, 다른 물질과의 혼용성이 좋음, 응고점이 낮음
- 폴리올 : 글리세린, 프로필렌글리콜, 소르비톨, 폴리에틸렌글리콜
- 천연 보습 인자 : 각질 형성 세포층에 수분을 일정하게 유지하는 보습 성분, 각질층 수분 10~20% 함유, 아미노산, 젖산나트륨
- 고분자 보습제 : 히알루론산, 콜라겐

❸ 안정제 : 화장품의 품질을 최대한 일정하게 유지, 파라옥시향산에스테르(파라벤류), 이미디아졸리디닐, 페녹시에탄올, 이소치아졸리논이 있음

❹ 산화방지제 : 항산화제, 화장품 성분을 산화 방지하는 원료, 합성 산화 방지제, 천연 산화 방지제(레시틴), 산화 방지 보조제(구연산)

❺ 향료 : 화장품의 향을 제공

❻ 자외선 차단제

자외선 산란제	• 물리적 산란 작용, 백탁 현상, 피부 자극이 적음 • 티타늄옥사이드, 징크옥사이드, 텔크
자외선 흡수제	• 화학적 흡수 작용, 피부 자극이 있음 • 벤조페논, 신나메이트, 살리실레이트

❼ 점증제
- 염료(색소)
  - 화장품에 색상을 부여
  - 천연색소 : 헤나, 카로틴 등
- 레이크(유기 합성 색소) : 물과 오일 등에 녹지 않음, 네일 에나멜에 사용
- 안료 : 메이크업 제품에 주로 사용
  - 유기 안료 : 색상이 화려, 립스틱에 주로 사용

체질 안료	무기염료의 한 종류, 흰색 분말, 파우더, 파운데이션에 주로 사용
백색 안료	커버를 결정하는 안료, 산화아연, 이산화티탄
착색 안료	색상을 부여하여 색조를 조정, 산화철류, 산화크롬, 군청, 감청 등
펄 안료	광택 부여

  - 무기 안료 : 천연 광물에서 추출, 마스카라에 주로 사용

23 화장품의 기술

❶ 분산
- 기체, 액체, 고체 등 하나의 상에 다른 상이 미세한 상태로 분산되어 있는 것
- 물과 오일 성분을 계면 활성제에 의해 분산시킨 상태
- 화장품의 경우 모든 제품이 분산계의 상태라 볼 수 있음

❷ 가용화
- 물에 녹지 않는 소량의 오일 성분이 계면 활성제에 의해 투명한 상태로 용해시키는 것
- 가시광선보다 미셀의 크기가 작아서 빛을 그대로 투과시켜 투명한 상태로 보임
- 스킨 토너, 에센스, 헤어토닉, 향수류 등이 가용화 현상을 이용한 화장품

❸ 유화 : 유화 입자의 크기는 가시광선보다 커서 빛을 통과시키지 못하고 산란시키기 때문에 유화제품은 뿌옇게 보임

유중수형(W/O형)	물보다 오일이 많음, 사용감이 무겁지만 지속력이 뛰어남	크림, 선크림, 마사지 크림, 클렌징 크림
수중유형(O/W형)	물이 오일보다 많음, 사용감이 가벼움, 지속력 떨어짐	보습 로션, 로션 타입 선크림

24 화장품의 종류

1. 기초 화장품
2. 메이크업 화장품
3. 바디 화장품
4. 방향 화장품
5. 아로마 오일 및 캐리어 오일
6. 기능성 화장품

25 기초 화장품의 기능

1. 피부 세정 효과(메이크업 잔여물 제거)
2. 피부 정돈 효과(pH 균형 유지, 피부결 정돈)
3. 피부 영양 공급 효과(유·수분 공급)
4. 피부 보호 효과(외부 유해 환경으로부터)

26 기초 화장품의 종류

1. **세안 화장품** : 피부에서 분비되는 물질과 잔여물을 제거시켜 신진대사 등 피부 상태를 유지하는 목적 (세정, 각질 제거)

클렌징 워터	옅은 메이크업을 지울 때 사용	피부 세정
클렌징 젤	옅은 메이크업을 지울 때 산뜻한 사용감	
클렌징 로션	가벼운 메이크업에 적합, 클렌징 크림보다 세정력이 약함	
클렌징 크림	진한 메이크업에 적합, 높은 피부 세정력	
클렌징 오일	수용성 오일로 모든 피부 타입에 적합, 짙은 메이크업 세정력이 뛰어남	
클렌징 폼	수분성 노폐물을 세정, 피부 건조 방지와 피부 보호 기능이 있음	
비누	대부분 알칼리성 피부의 유·수분을 과도하게 제거, 피부 건조 유발	각질 제거
스크럽	물리적인 각질 제거	
고마쥐	물리적 각질 제거, 제품을 바르고 건조되면 피부결 방향으로 밀어줌	
효소	생물학적 방법, 단백질 분해 효소로 각질 제거	
AHA	건조한 피부의 각질 제거	
BHA	지성 및 여드름 피부에 적당, 살균 효과가 높음	

2. **화장수** : 피부 정돈, pH 4.5~6.5 약산성 유지, 수분 공급

세정 화장수	노폐물 제거, 메이크업 잔여물 제거 시 일반 화장수보다 알코올 함량이 높음
유연 화장수	각질층에 수분 공급, 보습제, 유연제 함유
수렴 화장수	모공 수렴 작용 및 피지 분비 조절 작용, 피부결 정리

❸ **유액(로션)** : 유·수분 균형 조절(수분 로션, 클렌징 로션, 마사지 로션, 선 로션, 바디로션, 핸드로션 등)
❹ **에센스** : 고농축 보습 성분, 유효 성분 다량 함유, 빠른 흡수와 가벼운 사용감, 피부 보호 및 영양 공급
❺ **크림**
- 수용성 성분과 유용성 성분이 혼합된 유화 형태
- 피부 보습, 유연 기능, 보호 기능
- 유분감이 많고 사용감이 무거움
- 낮은 피부 흡수율
- 보습 크림, 마사지 크림, 클렌징 크림, 아이크림, 화이트닝 크림, 선크림, 데이 크림, 나이트 크림, 핸드크림, 바디크림, 영양크림

❻ **팩**
- 팩제의 유효 성분이 흡수되면 peel off type, wash off type, tissue off type, sheet type, powder type 등으로 제거하는 제품
- 보습, 청정, 혈액 순환 촉진, 각질 제거, 영양 공급 작용

27 메이크업 화장품의 기능

❶ 피부톤 정리
❷ 미적 효과 부여
❸ 얼굴 수정 및 결점 보완
❹ 자외선으로부터 피부 보호

28 메이크업 화장품의 종류

메이크업 베이스	색소 침착 방지, 밀착력을 높여 메이크업 지속성을 높임, 다양한 피부색의 컬러를 보완
파운데이션	결점 커버, 외부 오염 물질로부터 피부 보호, 얼굴의 윤곽 및 수정, 입체감 표현
컨실러	피부 결점 커버
파우더	메이크업 투명감 부여, 파운데이션 고정 효과, 메이크업의 지속력, 밀착력 높임
아이섀도	눈의 입체감 부여, 눈 모양 수정·보완
아이브로	눈썹 디자인을 통해 얼굴형 보완, 인상을 잘 표현
아이라이너	눈 모양 수정 및 보완 효과, 또렷한 눈매 표현
마스카라	눈을 깊이 있게 표현
립 제품	입술 모양을 수정·보완, 입술에 영양 공급, 보호 효과
치크	건강미나 혈색 부여, 얼굴 수정 효과

29 바디 화장품의 종류

1. **바디 세정제** : 바디 샴푸, 버블 바스, 비누
2. **바디 각질 제품** : 바디 스크럽, 바디 솔트
3. **태닝 제품** : 선 케어 제품
4. **슬리밍 제품** : 지방 분해 크림
5. **방취용 제품** : 데오도란트 로션, 스틱, 스프레이
6. **트리트먼트 제품** : 풋 크림, 핸드크림, 바디오일, 바디로션, 바디크림

30 방향 화장품(향수)

1. **특성** : 향의 조화성, 향의 지속성, 향의 확산성, 향의 독창성
2. **사용** : 처음 접하는 경우 오데 코롱 타입의 가벼운 유형이 적합, 목욕 후 사용하는 것이 좋고, 마스킹 효과가 있음
3. **농도에 따른 향수 구분**

구분	부향률(농도)	지속 시간	특징 및 용도
퍼퓸	10~30%	6~7시간	고가, 향기가 풍부하고 완벽함
오데 퍼퓸	9~10%	5~6시간	향의 강도가 약해서 부담이 적고 경제적임
오데 토일렛	6~9%	3~5시간	고급스러우면서도 상쾌한 향
오데 코롱	3~5%	1~2시간	향수를 처음 접하는 사람에게 적당
샤워 코롱	1~3%	1시간	은은하고 상쾌한 전신 방향 제품

4. **제조 방법** : 향료와 배합 비율을 뜻하는 부향률에 따라 다양한 종류의 향수를 얻을 수 있음
5. **제조 과정** : 천연향료 + 합성 향료 → 알코올 첨가된 조합 향료 → 희석 및 용해 → 냉각 숙성 → 여과 및 침전물 제거 → 향수 완성
6. **향의 발산 속도에 따른 단계 구분**
   - 탑 노트(top note) : 향수의 첫 느낌, 휘발성이 강한 향료
   - 미들 노트(middle note) : 알코올이 날아간 다음 나타나는 향, 변화된 중간 향
   - 베이스 노트(base note) : 마지막까지 은은하게 유지되는 향, 휘발성이 낮은 향료

31 아로마(에센셜) 오일

1. 식물의 꽃, 줄기, 열매, 잎, 뿌리 등에서 추출한 오일을 정제한 100% 천연 오일
2. 아로마(향기, aroma) + 테라피(치료, therapy) = 향기를 이용한 치료

❸ 추출 방법

수증기 증류법	• 식물의 향기 부분을 물에 담가 가온하면 향기 물질이 수증기와 함께 기체로 증발, 증발된 기체를 냉각하여 물 위에 뜬 향기 물질을 분리하여 순수한 천연의 향을 얻음 • 대량으로 천연 향을 얻을 수 있는 장점 • 고온에서 일부 미세한 향기 성분이 파괴될 수 있음
압착법	• 식물의 과실, 특히 감귤류의 껍질 등을 직접 압착하여 천연 향을 얻음 • 일반적으로 레몬, 오렌지, 베르가모트, 라임과 같은 감귤류의 향기 성분을 얻는 데 이용
용매(소르벤트) 추출법	• 휘발성 혹은 비휘발성 용매를 사용하여 비교적 낮은 온도에서 천연 향을 얻는 데 이용 • 휘발성 용매 추출법 : 휘발성 용매에 식물의 꽃을 일정 기간 냉암소에서 침전시킨 후 향기 성분을 녹여 내는 방법, 향기를 얻는 일반적인 방법 • 비휘발성 용매 추출법 : 유리판에서 식물유를 얇게 바르고 식물의 꽃을 따 올려 두면 꽃잎은 호흡을 계속하면서 향기 성분을 발산, 유리판 위 식물유에 흡수되므로 미세한 꽃의 향기까지 포집할 수 있어 고급 향수 제조에 이용
냉침법	• 지방에 향을 흡수시켜 향료를 분리·추출
온침법	• 지방유를 가열하여 향료를 분리·추출, 산패가 빠름
여과법	• 증기와의 접촉 시간을 단축시켜 식물 성분의 파괴를 막아 오일을 추출
이산화탄소 추출법	• 낮은 온도에서 액체 이산화탄소를 접촉시켜 추출 • 질이 우수한 오일 추출 가능 • 비경제적(생산비가 많이 드는 단점)

❹ 종류별 효능

허브 계열	스파이스, 그린 등 향이 복합적인 식물(로즈마리, 바질, 페퍼민트 등)
수목 계열	신선하고 중후하면서 부드러운 나무 향(유칼립투스, 삼나무)
시트러스 계열	휘발성이 강해 확산력이 높음, 지속성이 짧음(오렌지, 라임, 레몬, 시나몬 등)
플로랄 계열	꽃이나 꽃잎에서 추출(캐모마일, 제라늄, 자스민, 로즈 등)
스파이시	자극적인 향(시나몬, 블랙페퍼 등)
사이프러스	셀룰라이트 분해, 여드름 피부에 효능, 임신 중 사용 금지
그레이프프루트	림프 기능 촉진, 셀룰라이트 분해, 광독성으로 자외선 노출 삼가
라벤더	항박테리아, 불면증, 스트레스 완화, 임신 초기 사용금지
제라늄	호르몬 기능 정상화, 장미향, 소염, 항균, 갱년기 장애에 효과, 생리전 증후군에도 효과가 있음, 임신 초기 사용 금지
캐모마일	사과향, 향알레르기, 피로 회복, 항균, 진정
로즈	수렴, 진정, 소염, 임신 시 사용 금지
샌달우드	통증 이완, 소염, 진정, 우울증 환자에게 사용 금지
일랑일랑	호르몬 조절, 항우울증, 머리카락 성장
페퍼민트	진통, 통증 완화, 피로 회복, 호흡기계·순환계에 효과, 간질, 발열, 심장병, 임산부 사용금지
파출리	입냄새 방지, 수렴 작용, 불면증 해소

❺ 활용 방법

건식 흡입법	손수건, 티슈, 종이에 아로마 오일 1~2방울을 떨어뜨린 후 호흡을 통해 흡입
증기 흡입법	뜨거운 물에 향을 떨어뜨려 수증기를 통해 흡입
목욕법	따뜻한 욕조에 아로마 오일을 떨어뜨려 목욕
마사지법	캐리어 오일과 아로마 오일을 혼합해서 전신을 부드럽게 마사지
확산법	아로마 램프, 스프레이 등 다양한 기기를 이용하여 공기 중에서 흡입
족욕법	족욕물에 아로마 오일을 떨어뜨리는 방법
습포법	물에 오일을 떨어뜨려 수건, 시트에 담가 적신 후 피부에 붙임
얼굴 증기법	뜨거운 물에 아로마 오일을 떨어뜨려 얼굴에 증기를 확산

❻ 에션셜 오일 사용 시 주의사항
- 새로운 에션셜 오일을 사용하기 전 반드시 테스트
- 용량을 정확히 준수
- 식용 금지
- 피부에 직접 바르거나 마사지하지 않기
- 유통 기한이 지난 오일은 무조건 버리기
- 사용 후 반드시 마개를 닫아 보관
- 갈색 또는 암청색 병에 넣어 냉암소에 보관
- 1회 블렌딩 양은 최대 1~2주 사용분을 넘지 않기

32 캐리어(베이스) 오일

❶ 에션셜 오일을 희석해서 사용
❷ 식물의 씨를 압착시켜 추출
❸ 종류

호호바 오일	피부 친화력과 침투력 탁월, 인체 피지와 비슷한 화학 구조
아몬드 오일	비타민, 미네랄, 단백질 성분 다량 함유
아보카도 오일	노화 피부에 효과적
올리브 오일	민감성 피부에 효과적
코코넛 오일	모든 피부 타입
달맞이꽃 오일	항염증, 호르몬 조절, 생리 전 증후군 등에 효과적

33 기능성 화장품

❶ 피부 기능을 개선하기 위한 미백, 주름개선, 자외선 차단 등 피부 보호 기능을 위한 화장품

❷ 미백 화장품

기능	• 티로신의 산화를 촉진하는 티로시나아제의 작용을 억제하는 물질(알부틴, 코직산, 상백피 추출물, 감초 추출물, 닥나무 추출물) • 멜라닌 세포 사멸(멜라닌 합성 억제) • 도파의 산화 억제 : 티로신이 멜라닌 색소로 생성되는 과정에서 진행되는 단계 중 도파 단계부터 산화를 억제(비타민 C 유도체, 코엔자임 Q-10) • 각화 현상을 촉진(AHA, BHA) • 자외선 차단 : 징크옥사이드, 티타늄 옥사이드
주요 성분	• 비타민 C(항산화, 항노화, 주름 및 미백 효과) • 알부틴(월귤나무 추출, 티로시나아제 효소의 활성 억제, 색소 침착 방지) • 삼백피(미백, 항산화 효과) • 코직산(누룩의 발효에서 추출, 티로시나아제 효소의 활성 억제) • 감초 추출물(감초 뿌리에서 추출, 해독, 상처 치유, 자극 완화, 티로시나아제 효소 활성 억제) • 하이드로퀴논(의약품으로 사용, 백반증과 같은 부작용 유발)

❸ 주름 개선 화장품의 주요 성분

AHA	수용성 각질 제거, 피부 재생 효과
비타민 E(토코페롤)	지용성 비타민, 항산화, 항노화, 재생 작용
레티놀	상피 보호 비타민, 각질의 턴 오버 기능 정상화, 잔주름 개선과 재생 작용 탁월
프로폴리스	면역력 향상, 피부 진정 효과
알란토인	보습, 상처 치유, 재생 작용

❹ 여드름 화장품의 주요 성분

살리실산(BHA)	살균 작용, 피지 억제
유황	살균 작용, 각질 제거, 피지 조절 기능
피리독신	염증 피부에 효과적(여드름, 지루성 피부염)
비오틴	지루성 피부염에 효과

❺ 자외선 차단제

자외선 산란제 (무기계 차단제)	• 자외선을 반사시킴, 피부 자극이 적음, 접촉성 피부염이 발생이 적어 안정적, 예민한 피부에 사용 가능, 백탁현상 발생, 차단 효과가 뛰어남 • 산화아연, 이산화티탄, 탤크 등
자외선 흡수제 (유기계 차단제)	• 자외선이 피부로 침투하는 것을 방지, 투명하고 사용감 좋음, 접촉성 피부염의 유발 가능성 높음, 백탁 현상 없음 • 벤조페논, 살리실산 유도체, 신나메이트 등

7 메이크업 고객 서비스

34 서비스에 대한 이해

❶ **특성** : 생산과 동시에 소멸하는 특성, 주관적이고 표준화하기 어려움, 만질 수는 없으나 느낄 수 있는 특성, 요금을 책정할 때에는 비용도 포함하는 특성

❷ **서비스의 품질 결정 요소**
- 신뢰성 : 서비스를 정확하게 수행하는 능력
- 반응성 : 서비스를 신속하게 제공하는 능력
- 확신성 : 직원의 지식, 정중한 태도 등의 능력
- 공감성 : 고객의 욕구에 대한 배려, 실현하는 능력
- 유형성 : 물리적 시설과 환경 등의 제공

35 메이크업 숍에서의 환경 조성

❶ 주변 환경이 깨끗하고 안전해야 함
❷ 메이크업 시술을 받는 동안 앉아 있는 의자가 고객이 최대한 편안하도록 설계되어 있는 것이 좋으며 다리를 올려놓을 수 있는 보조 의자를 제공하기도 함
❸ 차 대접 시 고객이 원하는 다양한 메뉴를 제공할 수 있도록 함
❹ 메이크업 시술이 끝난 후 또는 대기 시간을 활용하여 릴렉스 할 수 있는 마사지 기기 등을 설치함
❺ 고객이 숍에 머무는 시간에는 고객 한 사람 한 사람이 가장 행복한 시간이 될 수 있도록 손 마사지 등 다양한 방법을 구상하여 시도함

36 고객 응대 방법

❶ **상황에 따른 고객 응대의 종류**

전화 고객 응대하기	• 전화 예절 및 전화 응대술 익히기 • 전화 예약 시스템 익히기
숍에 들어오는 고객 응대하기	• 인사하는 방법 • 인사 예절을 갖추고 응대하는 방법 익히기
대기 고객 응대하기	• 안내, 차 대접하는 방법 • 안내와 차 대접하는 예절을 갖추고 응대하기
시술 고객 응대하기	• 의사소통 기술 • 시술 중 고객이 만족할 수 있도록 응대하기
불만 고객 응대하기	• 불만 사례법 응대 기법 • 불만 고객의 사례별 유형을 이해하고 응대하기 • 의사소통 기술 • 고객의 말을 경청할 수 있는 기술 익히기 • 올바른 대화 방법 익히기

37 고객 응대 시 필요한 기술

❶ 대화를 할 때 기본자세
- 고객과 대화할 때 관리자의 태도와 말투가 중요한 역할을 함
- 사람들이 대화할 때 상대방이 하는 말보다 태도와 얼굴 모습 등 비언어적인 부분으로 이해를 하는 경우가 많으므로 대화할 때의 바른 태도와 말투를 알고 익히는 것이 중요함

일반어	경어	겸양어
나		저
우리		저희는
실장은	실장님께서는	저희 실장은
누구	어느 분	
저 사람	저 분	
할머니, 할아버지	할머님, 할아버님 또는 어르신	
아줌마	사모님, 여사님, 고객님	
아저씨	선생님, 님, 고객님	
이름	존함, 함자	
집	댁	
한다	하십니다	합니다
간다	가십니다	갑니다
만나다	만나십니다	만납니다
알고 있다	알고 계십니다	알고 있습니다
있다	계십니다	있습니다

❷ 고객 만족을 위한 대화 방법
- 고객의 마음 상태를 이해하고 대화할 때는 상대방의 이야기를 경청함
- 유쾌하게 대화를 이끌어 가야 함
- 정확한 단어와 서로 공통적으로 이해할 수 있는 단어를 사용해야 함
- 적절한 주제를 가지고 대화를 이끌어 나가야 함
- 유쾌하고 경쾌한 음색을 사용함
- 아름다움 전반에 관한 전문 지식과 응용 능력이 있어야 함
- 대화를 주도하지 말아야 하며 논쟁은 절대 피해야 함
- 사람에 대하여 말하는 것보다 생각에 대해여 대화하는 것이 좋음

❸ 메이크업 숍을 찾는 고객 심리 이해
- 돈을 지불한 만큼 대우를 받고 싶어 함
- 여왕이나 높은 지위에 있는 사람으로 대접받고 싶어 함
- 자신만 누릴 수 있는 특별한 대우를 원함

- 메이크업은 일생에 한 번 있는 결혼식이나 특별한 이벤트에 많이 하기 때문에 다른 사람보다 아름다워지길 원하며 평상시 자신의 모습보다 아름다워지길 원함
- 고객 본인이 원하는 메이크업이 되길 원함
- 시간 내에 이루어지길 원함

8 메이크업 카운슬링

38 고객의 정의

1. 고객은 메이크업 서비스 행위를 직접적으로 받는 주체로 고객이 가장 중요시하는 것은 '경험'임
2. 고객은 서비스를 경험한 후 이성적으로 어떻게 이해하느냐보다는 감성적으로 어떻게 그 경험을 기억하느냐에 따라 충성도를 결정
3. 따라서 고객에 대한 서비스를 제대로 수행하려면 고객이 무엇을 기대하고 요구하는지를 정확히 파악하고 분석하여 대응하는 것이 필요

39 고객의 특징

1. 고객은 메이크업 행위와 관련된 것을 다양한 방법으로 요구하는 특징이 있음
2. **기술적 측면의 기대** : 전문가적 감각을 갖추고 있고 시술이 정확하고 노련할 것이라는 기대와 시술시간이 적당하고 제공된 시술에 대해 요금은 적정한 것으로 기대
3. **서비스 측면의 기대** : 예의바르고 정중하며 상담 시 신뢰도가 높을 것이라는 기대와 시술 받는 공간이 위생적이고 분위기가 쾌적할 것이라는 기대

40 고객의 정보

1. **이름** : 고유한 식별로 상담 시 친밀감과 예약을 하기 위해 필요한 정보
2. **성별** : 성적 식별로 메이크업 디자인의 스타일을 결정하기 위한 정보
3. **연령** : 고객의 취향이나 스타일을 판단하는 데 필요한 정보
4. **연락처** : 예약 및 추후 서비스 및 관리를 위해 필요한 정보
5. **주소** : 거주지를 파악하여 이동거리 및 소요시간, 필요한 경우 우편물 발송 등을 위한 정보
6. **직업** : 메이크업의 목적 및 방향을 선정하고 그에 따른 적절한 콘셉트를 결정하는 데 필요한 정보
7. **성향** : 선호하는 메이크업 디자인의 방향을 파악하기 위해 필요한 정보
8. **스타일** : 메이크업 콘셉트를 결정하기 위해 필요한 정보

41 고객 상담

① 고객과의 원활한 상담은 메이크업의 디자인을 결정하고 전달하는 데 중요한 역할을 함
② 고객 상담을 위한 '말하기'와 '듣기'의 체계적인 교육과 끊임없는 연습과 훈련을 통해 습득할 수 있음
③ 말하는 법과 듣는 법

말하는 법	• 상대방을 배려하여 친절하고 부드럽게 정중히 말하기 • 정확하고 명료한 발음으로 고객의 수준을 고려하여 적절한 용어를 사용하고 상황이나 분위기를 고려한 대화로 구체적이고 간결하게 표현
듣는 법	• 고객이 하는 말을 이해하기 위해 노력하는 행동으로 시선을 마주치며 경청해야 함 • 몸을 정면을 향해 앞으로 내밀 듯 앉고 기록을 하며 적극적인 태도를 보이는 것이 좋음

42 메이크업 TPO

① 고객과 상담을 통해 메이크업 디자인의 방향을 결정할 때 반드시 TPO를 고려해야 함
② T(time)는 어느 시간에 필요한 것인지, P(place)는 어떤 장소에, O(occasion)는 어떤 목적으로 하는 메이크업인지를 파악하는 것
③ 시간(time) : 일반적으로 시간은 낮 시간대와 저녁 시간대를 기준으로 데이 메이크업과 나이트 메이크업으로 구분

데이 메이크업 (day make-up)	• 하루의 생활과 활동을 위한 메이크업 • 햇볕에 노출이 많고 많은 사람들과 접하게 됨
나이트 메이크업 (night make-up)	• 해가 진 밤 활동을 위한 메이크업 • 밝고 화려한 조명 아래에서 사람들과 접하게 됨

④ 장소(place) : 메이크업을 하고 가야 할 지점이 어디인지를 기준으로 크게 실내 메이크업과 실외 메이크업으로 구분

실내 메이크업 (indoor make-up)	• 천장이 있고 사방이 막혀 있는 장소에 갈 경우에 적합한 메이크업 • 고객의 상황과 목적에 따라 조명이 밝고 넓은 장소, 조명이 어둡고 협소한 장소, 화려한 장소, 웅장한 장소 등 크기, 환경, 조명 등의 조건이 다양
실외 메이크업 (outdoor make-up)	• 천장이 없고 사방이 트인 장소에 갈 경우에 적합한 메이크업 • 기후와 온도에 따라 변화가 큼

⑤ 목적(occasion) : 메이크업을 하는 목적이 무엇인지를 기준으로 분류하고 이 목적에 따라 시간과 장소 등을 파악하여 적합한 메이크업의 콘셉트를 파악할 수 있음

43 고객 요구 파악하기

① 고객의 특징을 이해하고 고객의 개념을 정확히 숙지
② 상담 일지 준비

❸ 상담자의 소개
❹ 상담 시작
❺ 고객의 직업, 연령, 환경 등의 정보 파악
❻ 메이크업 TPO를 파악하여 기록

44 고객의 스타일 및 콘셉트 파악

❶ 고객의 만족을 높이기 위해서는 단순히 메이크업의 기술을 제공하기보다는 고객이 어떠한 스타일을 원하고 그 스타일을 표한하기 위해 무엇을 어떻게 할 것인지를 한정된 시간 안에 파악하는 것이 상담자의 능력

❷ 스타일과 콘셉트

스타일	콘셉트
고전적인, 전통적인, 모범적인	클래식(Classic)
현대적인, 도시적인, 지적인	모던(Modern)
남성적인, 중후한	매니시(Mannish)
여성적인, 부드러운, 온화한	페미닌(Femanine)
사랑스러운, 귀여운	로맨틱(Romantic)
우아한, 품위 있는, 세련된	엘레강스(Elegance)
건강한, 활동적인, 경쾌한	액티브(Active)
토속적인, 소박한	에스닉(Ethnic)
편안한, 자연스러운	내추럴(Natual)

45 고객 성향과 메이크업 디자인

고객의 성향을 이해하고 적절한 방법으로 메이크업 디자인에 대한 정보를 전달할 때 고객의 이해와 만족을 높일 뿐 아니라 불안과 불평에 대한 대처도 할 수 있음

46 고객 컴플레인 응대법

❶ **컴플레인(complain)** : 고객이 서비스를 받거나 상품을 구매하는 과정에서 불만을 제기하는 것
❷ 컴플레인에 대해 신속히 처리하고 관리하는 것은 서비스를 하는 데 있어 고객과의 관계 형성뿐 아니라 기업의 매출에 직접적인 영향을 미치는 요소로 작용
❸ **컴플레인 발생 요인**
  • 불쾌한 언행
  • 불확실한 정보나 잘못된 정보의 전달

- 약속 불이행
- 불친절한 태도
- 서비스 본질에 대한 불만족

❹ **불만 고객의 응대**
- 적극적으로 경청하라
- 상황을 파악하라
- 감사를 표시하라

9 퍼스널 이미지 제안

47 메이크업과 색채

❶ **메이크업과 색채**
- 색이 인생을 바꾸는 대표적인 경우는 메이크업을 통한 여성들의 아름다움을 표현하는 것
- 메이크업은 얼굴에 여러 색상을 자연스럽고 아름답게 표현해야 하며 또한 색상 표현에 경계선이 보이지 않도록 하며 모델의 모든 여건을 고려하여 알맞은 색을 선택하여야 함

❷ **색의 분류**

무채색	색상과 순도가 없고 밝고 어두운 명암만 있는 색(검정, 하양, 회색)
유채색	색상 및 순도를 갖고 있는 모든 색(빨강, 노랑, 파랑 등)

❸ **색의 3속성과 톤**

색상(Hue)	• 물체의 표면에서 선택적으로 반사되는 색의 기미로 색의 고유한 성질 • 색을 구별할 때는 대부분 색상에 의해서 구분
명도(Value)	• 색상에 관계없이 밝고 어두움의 정도 • 물체의 표면이 빛을 반사하는 양이 많을수록 밝은 색을 띄고 반사하는 양이 적을수록 어두운 색을 띰
채도(Chroma)	• 색의 맑고 탁함의 정도를 말하는 것(색의 순도) • 유채색에서만 존재 • 원색 또는 순색일수록 채도가 높음 • 채도가 높은 색은 맑고 깨끗하고 선명하지만 채도가 낮은 색은 색이 흐리고 탁함
톤(Tone)	• 명도와 채도의 복합적 개념을 감성적으로 분류한 것 • 같은 색상이라도 톤에 따라 다양한 이미지를 나타냄

48 색채의 조화와 배색기법

❶ **색채 조화(Color harmonies)** : 두개 또는 그 이상의 색을 사용하여 질서를 부여하는 것으로 주변 환경과 조화를 이루는 색채 계획을 위한 수단

❷ 배색기법

동일 배색	• 한 가지 색의 조화로 다양한 명도와 채도로 변화를 줌
유사 배색	• 색상환에서 30~60° 사이에 인접한 유사 컬러 코디네이션
보색 배색	• 색상환에 180°로 마주보고 있는 두색의 조화로 두드러짐의 배색 개념
하모니	• 어느 누구나 가장 쉽게 사용할 수 있는 방법으로 동색계열의 컬러를 서로 매치시키는 방법으로 정리개념의 배색 • 비슷한 색상끼리 서로 매치시키므로 큰 변화를 주기 어려움

49 퍼스널 컬러

❶ **퍼스널 컬러** : 신체 고유의 색상과 조화를 이루는 색으로 이미지를 연출함으로써 얼굴의 단점을 커버하고 장점을 부각시킬 수 있음

❷ **퍼스널 컬러의 유형**

따뜻한 유형 (warm tone)	• 밝은 색과 중간색을 활용하여 은은하고 부드럽게 표현하며 아이라인과 아이브로우는 강하지 않게 표현함 • 베이지, 아이보리, 산호, 핑크베이지, 피치, 오렌지, 오렌지 브라운, 코랄, 옐로, 옐로 그린, 블루 그린 등
차가운 유형 (cool tone)	• 우아하고 깨끗한 느낌으로 표현하며 아이라인과 아이브로우는 간결하게 포인트를 주는 원 포인트(one point)로 표현 • 크림 베이지, 라이트 핑크, 인디언 핑크, 로즈 핑크, 아쿠아 블루, 라벤더, 블루 그린, 퍼플, 블루, 그레이 등

❸ **퍼스널 컬러 유형에 따른 신체 색상의 특징**

피부색	• 피부색은 멜라닌의 갈색, 헤모글로빈의 붉은색, 카로틴의 황색이 나타나는 것임 • 멜라닌 색소가 많은 피부는 검게 보이며 카로틴이 비교적 많은 경우는 혈색이 없어 노랗게 보이고 헤모글로빈이 많이 비쳐 보이는 피부는 붉은색으로 보임
모발색	• 모발색 또한 피부색과 같이 멜라닌 색소에 의해 검은색, 갈색, 금색 등으로 분류됨 • 모발색에 따라 얼굴의 밝기나 혈색, 피부의 투명감 등이 달라 보이며 인상에 영향을 미침 • 퍼스널 컬러 시스템에서 모발색은 노란빛의 갈색이나 붉은빛의 갈색을 띠는 따뜻한 톤과 푸른빛의 검정이나 회색빛의 검정은 차가운 톤으로 분류 • 봄 타입은 밝은 브라운, 가을 타입은 다크 브라운, 여름 타입은 로즈 브라운과 라이트 브라운, 겨울 타입은 블랙이나 다크 브라운의 모발색을 띰
눈동자색	• 멜라닌 색소를 함유하고 있는 홍채 부분이 눈동자색을 나타내며 홍채의 색상은 멜라닌 색소의 양으로 결정됨 • 한국인은 밝은 갈색부터 어두운 갈색까지 다양한 색상을 보이며 대부분 중간에서 어두운 갈색의 눈동자를 가지고 있음 • 봄 타입은 라이트 브라운과 브라운, 가을 타입은 다크 브라운, 여름 타입은 소프트 브라운, 겨울 타입은 다크 브라운, 블랙 브라운을 띰

01 | 과목별 핵심 요약

2과목 메이크업 시술

1 메이크업 기초화장품 사용

01 메이크업 도구

❶ 피부 표현
- 라텍스 스펀지(latex sponge)
- 면 퍼프(cotton puff)
- 윤곽 수정용 섀딩 브러쉬(shading brush)
- 하이라이트 브러쉬(highlight brush)
- 스파츌라(spatular)
- 파운데이션 브러쉬(foundation brush)
- 파우더 브러쉬(powder brush)
- 노즈 섀도 브러쉬(nose shadow brush)
- 팬 브러쉬(fan brush)

❷ 눈 화장
- 아이섀도 브러쉬(eye shadow brush)
- 아이라이너 브러쉬(eyeliner brush)
- 콤 브러쉬(comb brush)
- 팁 브러쉬(sponge tip brush)
- 면봉(cotton swab)
- 아이래시 컬러(eyelash curler)

❸ 눈썹 손질
- 수정 가위(sissors)
- 스크루 브러쉬(screw brush)
- 쪽집게(tweezers)
- 눈썹용 브러쉬(eyebrow brush)

❹ 입술 화장용 : 립 브러쉬(lip brush)

❺ 볼 화장용 : 블러셔 브러쉬(blusher brush)

2 베이스 메이크업

02 피부 표현용 메이크업 제품과 기능

❶ 메이크업 베이스 : 피부 보호, 지속력, 피부 톤 보완
❷ 파운데이션 : 리퀴드 파운데이션, 크림 파운데이션, 스킨 커버, 스틱 파운데이션
❸ 루즈 파우더, 프레스드 파우더 : 유분기 제거, 지속성

03 메이크업 베이스 색상과 특징

그린, 연두색	모든 피부에 사용, 특히 동양인 피부에 적합
연보라색	웨딩 메이크업, 나이트 메이크업에 사용, 노랗고 어두운 피부에 적합
흰색	어두운 피부 톤을 밝게 표현, 흑백사진 촬영 시 사용
핑크색	생기 없는 피부를 화사하게 할 때, 혈색이 필요한 부분에 부분적으로 사용
오렌지색	데일리 메이크업으로 적합
청색	붉은기 있는 피부 커버

04 파운데이션

❶ **컬러별** : 베이스 컬러, 하이라이트 컬러, 섀딩 컬러(로우 라이트 컬러)

❷ **피부 타입별**
- 건성 피부 : 유분이 함유된 oil based 파운데이션 선택(스킨 커버, 크림 파운데이션)
- 중성 피부 : water based 파운데이션 선택
- 지성 피부 : oil free 파운데이션 선택(리퀴드 타입 파운데이션)

❸ **계절별**
- 봄, 여름 : 리퀴드 파운데이션
- 가을, 겨울 : 크림 파운데이션
- 여름 : 팬케이크(방수 효과 탁월)

3 색조 메이크업

05 아이 메이크업 제품과 기능

아이브로	• 펜슬, 케이크, 마스카라, 리퀴드, 젤 타입 • 얼굴형과 눈매 보완, 인상을 결정, 모발이나 눈동자 색상과 맞춤
아이섀도	• 케이크, 크림, 펜슬 타입 • 음영 효과, 입체감, 단점 커버
아이라이너	• 펜슬, 리퀴드, 케이크, 젤 타입 • 눈매를 또렷하게, 단점 보완
마스카라	• 볼륨, 롱 래쉬, 컬링 업, 워터 프루프 타입 • 속눈썹을 길게, 풍성하게, 깊은 눈매 연출
인조 속눈썹	• 스트립 타입, 인디비주얼 타입

06 입술 화장용 메이크업 제품과 기능

립스틱	색감 표현 우수, 입술 모양 수정 및 보완
립 라이너 펜슬	입술 윤곽 수정
립글로스	윤기 부여, 영양 공급
립 틴트	아름다운 입술 색상 유지
립크림	입술 보호 목적
립 라커	립스틱과 립글로스의 광택을 더함

07 색조 화장방법

❶ **메이크업 베이스** : 0.5g 정도를 양볼, 턱, 코, 이마 다섯 군데에 찍어 펴 바르고, T존은 양을 적게 하여 눈 밑 또는 잔주름이 생기기 쉬운 부위는 세심하게 발라 줌

❷ **파운데이션**
- 슬라이딩 기법(sliding) : 문질러 바르기
- 블렌딩 기법(blending) : 섞어 바르기
- 패팅 기법(pattig) : 두드려 주기
- 선긋기 기법(lining) : 섀딩이나 하이라이트 적용 시 부분에 선 긋기

❸ **파우더**
- 퍼프 : 묻히기, 털어 주기, 비비기, 바르기
- 브러쉬 : 파우더 브러쉬와 팬 브러쉬를 함께 사용하여 바르고 털어 내기를 반복

❹ **아이섀도**
- 강조하고 싶은 부분은 두껍게 바르지 않고 여러 번 덧바름
- 넓은 부위는 넓은 브러시 사용, 눈 앞머리와 눈꼬리 부분은 좁은 브러쉬를 사용
- 밝은 색에서 어두운 색으로 사용

❺ **아이라이너**
- 감추기 : 펜슬이나 젤 타입을 이용하여 속눈썹 사이를 메우듯이 그림
- 드러내기 : 속눈썹 위 라인을 선명하게 그림
- 거울을 얼굴보다 조금 밑으로 하여 눈을 내려 뜬 상태에서 그림
- 눈 중앙에서 꼬리-눈 앞머리에서 중앙으로 연결
- 언더라인은 눈꼬리에서 1/3지점까지 그림

❻ **마스카라**
- 시선을 아래로 하여 위에서 아래 방향으로 바름
- 아래 속눈썹은 시선을 위로 하고 브러쉬를 세워 바름
- 마스카라가 굳기 전에 전용 브러쉬나 빗으로 빗음

- ❼ 인조 속눈썹
    - 아이 메이크업 후 속눈썹을 컬링
    - 인조 속눈썹에 접착제를 바른 뒤 5초 후 속눈썹 중앙 부분을 족집게로 잡고 붙임
    - 마스카라로 마무리 한 뒤 확인
- ❽ 아이브로우
    - 펜슬 사용 : 숱이 적은 경우 사용, 대중적임
    - 케이크 타입 사용 : 자연스러운 눈썹 표현, 눈썹의 숱이 많은 경우 사용
- ❾ 치크 메이크업
    - 얼굴에 혈색을 주어 화사한 이미지 연출
    - 정면으로 보았을 때 눈동자 바깥부분과 콧방울 위쪽 이내로 발라 줌
    - 중심 부분을 가장 진하게, 주위는 자연스럽게 표현

4 속눈썹 연출

08 속눈썹

❶ **속눈썹** : 단백질이 결합된 길고 굵은 털인 경모(terminal hair)

❷ 위쪽 눈꺼풀에 약 100~150개, 아래쪽 눈꺼풀에 약 70~80개가 군생하며 아래위의 눈꺼풀을 닫아서 안구를 보호

❸ 속눈썹의 굵기와 길이는 성별, 인종, 나이, 환경 등에 따라 차이가 있으며, 일반적으로 서양 여성이 동양 여성에 비해 속눈썹이 더 굵고 김

❹ **속눈썹의 기능**
- 먼지나 이물질이 눈에 들어가기 전에 민감한 눈을 보호하는 역할로 땀과 외부 이물질을 방어하고 차단
- 외부의 물리적 충격으로부터 완충작용을 하고 추위나 뜨거운 일광자외선 등의 자연환경으로부터 보호
- 먼지나 수은, 아연 등의 중금속을 체외로 배출시킴
- 각각의 개성과 인체를 아름답게 나타내기 위한 모발의 색상과 헤어스타일의 연출로 인한 장식

09 속눈썹 디자인

❶ **속눈썹 디자인의 방법**

메이크업 기법	아이래시 컬러(뷰러), 마스카라, 인조속눈썹 연출 등
미용기술	속눈썹 연장, 속눈썹 증모, 속눈썹 펌(permanent wave) 등

❷ 속눈썹 디자인의 특징
  • 눈매를 크고 또렷하거나 아름답게 표현하고 눈썹이 풍성해 보이는 효과
  • 숱이 없거나 얇고 처진 속눈썹을 선명하고 컬이 있어 보이게 하는 효과

❸ 속눈썹 디자인의 종류

아이래시 컬러 (eyelash curler)	• 속눈썹을 말아올리는 데 사용하는 미용도구 • 속눈썹 뿌리를 고무나 실리콘으로 된 패드로 눌러서 위로 고정시키는 원리로 대부분 가위 형태의 손잡이로 되어 있으며, 마스카라를 바르기 전에 주로 사용 • 흔히 뷰러라는 영어 단어가 있는 것으로 착각하기 쉽지만, 실제로는 1930년 일본 케이호도 제약회사에서 실용신안으로 등록한 비우라(Beaula)라는 상표에서 유래된 말
마스카라 (mascara)	• 속눈썹을 길고 풍성하게 표현하여 눈을 커 보이게 하는 효과를 주는 메이크업 제품 • 브러시의 형태로, 성분에 따라 속눈썹 숱을 풍성해 보이게 하거나 길어 보이게 하거나 높이 올라가게 함 • 숱을 풍성하게 하는 것은 볼륨, 길어 보이게 하는 것은 롱이나 렝스닝, 높이 올라가게 하는 건 컬링으로, 대부분 제품명이나 라인명을 살펴보면 어떤 형태와 기능의 제품인지 알 수 있음
인조 속눈썹 (false eyelashes)	• 디자인이 되어 있는 인조 속눈썹에 접착글루를 이용하여 속눈썹에 붙여 속눈썹이 길어 보이게 하는 기법 • 다양한 속눈썹의 길이과 굵기, 색상 등을 선택할 수 있고 제거가 간단하여 사용하기 비교적 간편함
속눈썹 연장	• 기존 속눈썹 또는 모근에 한올씩 나눠진 속눈썹을 연장해 붙이는 기법 • 속눈썹을 한올 한올 붙여서 숱이 많아 보이거나 컬의 각도나 길이 등을 선택 가능 • 길어 보이게 하는 연장과 풍성하게 보이는 증모로 분류되며, 일회용 속눈썹보다 훨씬 자연스러워 보임 • 컬의 종류 : C컬, J컬, JC컬 • C컬이 가장 화려해 보이고, J컬은 자연스럽게 보이며, JC컬은 그 중간 형태 • 눈이 또렷해 보이는 효과가 있어 화장할 때 아이라이너나 마스카라를 안 해도 되는 장점이 있고, 관리 방법에 따라 2~6주 정도 지속 가능
속눈썹 펌 (permanent wave)	• 속눈썹 전용 펌제를 사용하여 속눈썹의 컬을 만들고 고정시키는 기술 • 컬의 지속기간은 3~4주 정도 지속되고 유지기간은 속눈썹의 길이와 두께, 자라는 속도에 따라 차이가 있을 수 있음

10 인조 속눈썹 디자인

❶ 인조 속눈썹 : 가공된 속눈썹으로 현대인에게 대중화됨
❷ 인조 속눈썹을 붙이는 것은 메이크업 디자인의 목적에 맞게 추가로 하는 아이 메이크업 기술 중 하나
❸ 인조 속눈썹의 효과
  • 길이나 굵기, 모양, 형태 등에 따라 속눈썹이 더 길고 풍성해짐
  • 눈매가 더 또렷하고 커 보임
  • 아이 메이크업 이미지 연출에 큰 영향

④ 인조 속눈썹 선택 방법
- 눈이 작은 사람 : 바깥쪽이 짧고 중간 길이가 긴 것
- 자연스러운 눈매 : 눈꼬리쪽에서 1/3이나 1/2 정도만 붙이고 자연스러운 컬과 적당한 숱이 있는 속눈썹을 선택

11 인조 속눈썹 부착을 위한 도구

① 아이래시 컬
② 핀셋
③ 속눈썹 접착제
④ 눈썹 가위
⑤ 면봉이나 스틱
⑥ 아이라이너와 마스카라

12 인조 속눈썹 붙이는 순서

① 위쪽 속눈썹을 컬링한 후 마스카라를 바름
② 족집게로 인조 속눈썹을 집고 글루에 바른 후 눈 바깥쪽에서 안쪽으로 붙임
③ 다시 족집게를 사용하여 낱개의 속눈썹에 글루를 바르고 적당한 간격으로 아래쪽 언더라인 속눈썹에 붙여줌
④ 자연스럽게 건조된 후 속눈썹과 인조 속눈썹이 결합되도록 뷰러를 이용해 컬링
⑤ 마스카라를 이용해 자연스럽게 조화를 이룸

13 인조 속눈썹의 제거와 관리

① 인조 속눈썹을 제거할 때에는 절대 무리하게 뜯지 말아야 함
② 떼어낸 인조 속눈썹은 묻어 있는 접착제와 마스카라를 깨끗이 제거한 후 보관
③ 스트립 래시와 인디비주얼 래시의 경우 일회용 글루를 사용하지만 연장용 래시에 경우에는 일회용이 아닌 전문 글루를 사용
④ 속눈썹 유지 기간은 관리 상태에 따라 짧게는 1주일, 길게는 1개월 이상

5 속눈썹 연장

14 속눈썹 연장 재료와 도구

① 속눈썹 가모(연장 모)
- 속눈썹 연장 시술에 사용되는 주재료
- 가모를 생산하는 원사에 따라 구분할 수 있고 가모의 굵기와 컬의 모양 등의 기준에 따라서도 구분할 수 있음

② 글루
- 사람의 가장 민감한 부위인 눈에 시술하는 제품으로 검증되지 않은 불법 제품일 경우에는 심각한

부작용을 초래할 수 있으므로 반드시 KC 인증 제품을 사용해야 함
- 글루 보관방법 : 침전 현상을 방지하기 위해서 좌우로 흔들어 사용하고 사용 후 뚜껑을 닫아 서늘한 곳에서 세워서 보관

❸ **핀셋**
- 일반적으로 두 개를 한 쌍으로 사용
- 모양에 따른 구분 : 일자 형태, 45° 곡자, 완전 곡자, 끝만 곡자
- 시술 전 반드시 소독
- 핀셋 끝이 안구를 향하지 않도록 함

❹ **전처리제**
- 가모를 부착하기 전에 속눈썹의 유분기와 먼지 등을 제거
- 시술 후 지속력과 밀착력을 높여 주어 완성된 속눈썹 연장을 더 오래 유지해 주는 역할
- 무향, 무취로 자극이 없으므로 향이 강한 제품은 피하도록 함

❺ **송풍기**
- 속눈썹 시술 후 눈썹 모의 접착 상태를 빠르게 건조하는 역할을 함
- 속눈썹 드라이기 종류에는 수동 펌프형과 전동 자동 송풍기가 있음

❻ **아이패치**
- 아이패치는 위아래 속눈썹이 붙지 않도록 아래 속눈썹을 고정하는 역할
- 핀셋, 글루, 리무버 등으로부터 고객의 피부를 보호
- 속눈썹을 잘 보이게 하여 시술을 수월하게 해주는 역할

❼ **스킨 테이프**
- 3M 테이프, 코팅 테이프 등을 주로 사용하는데 피부에 직접 닿기 때문에 접착력이 강하지 않고 자극이 적은 제품을 사용하는 것이 좋음
- 눈 밑 라인에 맞추어 주되 눈 점막에 닿지 않도록 주의

15 속눈썹 연장 디자인

❶ **눈 형태에 따른 디자인**
- 속눈썹 연장 디자인은 가모의 컬과 길이를 선택하여 눈매의 이미지를 보완하고 아름다운 눈매를 만드는 것
- 눈 형태에 따른 속눈썹의 길이, 굵기, 컬 등을 선택하는 것이 중요함

❷ **가모에 따른 디자인** : 가모의 길이와 굵기는 사람마다 차이가 있으며 속눈썹 상태에 따라 가모의 굵기를 선택하여 사용해야 함

가모의 길이	• 8~15mm까지 다양하며 일반적으로 10~12mm를 가장 선호함
가모의 굵기	• 0.10~0.20mm의 굵기를 가장 많이 사용
가모의 컬	• 눈의 형태에 따라 컬을 선택하여 눈매의 단점을 보완할 수 있음 • J컬, JC컬, C컬, CC컬, L컬 등 컬의 각도에 따라 선택하여 눈매를 연출

16 속눈썹 리터치

❶ **속눈썹 리터치** : 일정 기간의 시간이 지남에 따라 글루이 접착 면이 약해진 연장 모를 제거한 후 가모가 탈락한 부분에 새로운 가모를 재부착하여 자연 모의 손상을 줄이고 다시 아름답게 재시술하는 것

❷ **속눈썹 연장 제거** : 속눈썹 연장에서 사용하는 글루는 순간접착제라고 알려진 시아노아크릴레이트 성분이 함유되어 있는데 이런 접착제를 제거하기가 어려우므로 적절한 도구와 전용 리무버를 사용하여 전문가에게 제거 시술을 받아야 자연모의 손상을 최소하고 2차 부작용을 피할 수 있음

❸ **속눈썹 제거의 요인**
- 시간이 지나 가모가 거의 탈락하고 몇 가닥만 남아 지저분할 경우
- 속눈썹 시술 후 완성도나 모습이 마음에 들지 않는 경우
- 시술 후 불편함을 느끼거나 이상 증상이 나타나는 경우

6 본식웨딩 메이크업

17 웨딩 메이크업

❶ **구분** : 야외 촬영, 실내 본식 촬영 메이크업

야외 촬영	웜 컬러 색상인 옐로, 오렌지, 레드, 그린, 브라운 톤 사용, 일광 조명시 메이크업이 잘 보이지 않아 진하게 표현
본식 촬영	인공조명에서는 핑크, 자주, 보라 등 쿨 톤을 사용하여 과장되지 않고 자연스럽고 깨끗하게 메이크업

❷ **이미지별 신부화장**

이미지	목적	색채	색조
엘레강스	우아하고 품위있는 스타일, 성숙한 여성의 이미지	골드 브라운, 베이지 브라운, 피치	그레이시(grayish) 다크(dark) 톤, 웜 톤의 리퀴드 파운데이션 사용, 피치 톤으로 혈색을 줌
로맨틱	사랑스럽고 낭만적이며 부드러운 느낌, 봄과 어울림	핑크, 피치, 코랄, 브라운 계열	페일(pale) 라이트(light) 그레이시(graysh) 톤, 펄이 있는 파우더 사용, 핑크 톤 파운데이션 사용, 채도가 낮은 누드 핑크 계열의 립스틱으로 글로시하게 표현
클래식	우아하고 단아하며 기품을 유지하는 고전적인 분위기로 연출	브라운, 베이지, 골드, 네이비, 와인	다크(dark), 딥(deep) 덜(dull) 톤, 펄이 적거나 없는 베이스로 투명하게 피부 표현, 채도가 낮은 컬러들로 차분하게 표현, 얼굴 윤곽을 살리고 로즈 핑크로 광대뼈를 감싸듯이 표현
내츄럴	피부 톤이 밝고 깨끗하여 순수한 느낌	오렌지, 핑크, 베이지	페일(pale) 라이트(light) 톤, 립 틴트로 입술 중앙 부위에 혈색을 주고 실키한 질감을 표현, 연한 핑크 컬러로 그라데이션하여 볼터치
트렌디	현재 신부들의 개성과 여성스러움을 표현	베이지, 골드 피치, 누드 피치	딥(deep), 덜(dull) 톤, 눈매를 강조하는 세미 스모키 메이크업 표현, 누디한 컬러의 립 메이크업

❸ 신랑 메이크업
- 이미지 : 자연스럽고 부드러운 이미지, 신랑의 피부 색상과 유사하게 그라데이션
- 색채 : 베이지, 살구색, 브라운
- 색조 : 딥(deep), 덜(dull), 라이트(light) 톤 등 숱이 많거나 눈꼬리가 처진 눈썹은 가위로 정리, 광대뼈를 중심으로 브라운 계열을 사선으로 남성다운 표현, 베이지 계열로 T존에 하이라이트를 줌

❹ 혼주 메이크업
- 이미지 : 한복의 곡선과 색상에 조화되는 우아한 느낌
- 색채 : 바이올렛, 코랄 핑크, 오렌지
- 색조 : 스트롱(strong) 라이트(light) 덜(dul) 톤, 주름 커버를 위해 리퀴드 파운데이션으로 얇게 도포, 립 라이너로 입술 윤곽 정리, 눈이 처진 경우 아이라이너로 눈매 교정

7 응용 메이크업/트렌드 메이크업

18 패션쇼 메이크업

❶ 패션쇼 무대 뒤는 세계적인 탑 메이크업 아티스트의 크리에이션 장소임
❷ 예리한 예술적인 감각으로 패션의 변화와 함께 미래의 유행 메이크업 변화를 예측할 수 있음
❸ 패션쇼를 보면 메이크업의 유행을 예견할 수 있기에 미래의 메이크업 아티스트들에게는 필수적임

19 에스닉 메이크업

❶ 에스닉(ethnic) 패션은 세계 여러 나라 민속 의상과 민족 고유의 염색, 직물, 자수, 액서서리 등에서 영감을 얻어 디자인한 패션으로 오리엔탈리즘(Orientalism), 이그조틱(Exotic), 트로피컬(Tropical), 포클로어(Folklore) 분위기의 패션이 포함
❷ 에스닉 메이크업은 종교적 의미가 가미된 토속적이며 소박한 느낌을 주는 패션으로 종교 의상, 잉카의 기하학적인 문양, 인도의 사리 등에서 영감을 받음
❸ 특히 아프리카, 중근동, 중남미, 중앙 아시아, 몽고 등의 스타일을 가르킴
❹ 인도네시아의 바틱(Batik), 이카트(Ikat)와 티베트, 부탄의 전통 무늬인 에스닉 자카드, 케냐 스트라이프 등이 샤롱스커트나 자연의 색과 천연 소재를 사용하며 판타롱 팬츠나 차이니스 칼라 등이 사용됨
❺ 메이크업 역시 민속풍의 스타일과 컬러에 맞게 붉은 계열이나 자연스러운 갈색 등으로 표현

20 글로시 메이크업

❶ 글로시(glossy)란 광택이 있는, 윤이 나는, 번들거림의 뜻으로 로맨틱하고 신비감을 주는 메이크업으로 펄(pearl)감이 많은 눈매와 입술을 강조함
❷ 질감에 있어 매트(mat)한 분위기와 대조적인 느낌으로 반짝이면서 윤기와 부드러움이 동시에 공존하게 되는 메이크업

❸ 명확하고 정제된 이미지가 아닌 꿈결 같고 부드러운 여성의 느낌으로 비단처럼 광택이 느껴지는 샤인&실키(shiny&silky) 메이크업

21 돌리 메이크업

❶ 돌리(dolly) 메이크업은 1959년에 만들어진 바비 인형(Barbie doll)의 선풍적인 인기에 힘입어 인형 같은 메이크업으로 영화나 뮤지컬에 사용되는 무대 캐릭터의 성격을 잘 살릴 수 있는 메이크업을 의미
❷ 로맨틱하면서 달콤하고 사랑스러운 꿈 많은 소녀의 이미지를 형상하는 파스텔 톤의 부드러운 메이크업으로 연출됨

22 메탈릭 메이크업

❶ 메탈릭(metallic) 메이크업은 금속적인 성분의 요소가 강한 메이크업
❷ 시각적으로는 골드(gold), 실버(silver), 쿠퍼(copper)의 화려하면서도 활기찬 역동적인 느낌으로 미래 지향적인 이미지
❸ 사이버틱 한 메이크업과 유사하면서 피부 톤에 맞추어 다양한 이미지를 연출
❹ 골드와 쿠퍼의 금속이 가진 따뜻한 느낌의 건강함과 과거를 회고할 수 있는 인간적인 색과 더불어 기계적이고 현대적인 차갑고 냉정한 색의 실버 느낌으로 포스트 모더니즘의 다양성이 공존하는 메이크업

23 스모키 메이크업

❶ 스모키(smoky) 메이크업은 도발적이고 섹시한 느낌을 살리며 눈매를 고혹적이고 깊게 하는 메이크업
❷ 자신의 피부 톤보다 한 톤 어둡게 표현하고 눈썹은 회색 톤으로 가볍게 그려주며 아이라이너는 얇게 그림
❸ 립은 진하게 표현하지 않으며 옅은 브라운 계통으로 발라줌
❹ 스모키 메이크업은 무엇보다 눈이 강조된 메이크업이기 때문에 마스카라를 눈썹에 그윽하게 잘 펴 바름

24 페일 메이크업

❶ 페일(pale) 메이크업은 '얇다, 약하다, 흐리다'라는 의미로 '창백한, 생기 없는'의 뜻을 내포하고 있으며 전체적으로 흰 빛이 많이 도는 메이크업
❷ 눈 주위의 하이라이트는 얼굴의 인상을 밝고 환한 인상으로 연출해 줌

25 팝아트 메이크업

❶ 도시 문화에 밀접하게 접촉한 미국의 미술가들은 그 문화의 특수한 풍조와 속성을 포착하고자 하였

고, 영국의 팝아트는 구태의연한 사회 질서를 공격하는 사회 비판적 의도를 내재하고 있음
❷ 팝아트 메이크업의 색상은 화려하고 경쾌한 원색을 사용하여 섹시하고 강렬한 이미지를 연출함
❸ 1960년대의 복고적 성향과 다양하고 화려한 색을 중심으로 팝 아트 작가인 앤디 워홀과 리히텐슈타인의 그림에서 강한 영감을 얻은 새로운 팝 아트 메이크업은 밝은 톤의 옐로, 핑크, 블루 컬러에 투명한 현대의 메이크업이 더해지면서 생동감 넘침

26 액티브 메이크업

❶ 액티브(active)란 활동적이면서 힘이 넘치는 건강하고 섹시해 보이는 이미지로 여성스러운 로맨틱과 엘레강스한 이미지와는 상반됨
❷ 청량감과 활동성을 높이기 위해 선명한 색이 활용되고 적극적이면서도 능동적인 여성의 이미지를 표현하기 때문에 레저 스포츠에 활용되는 이미지를 의미
❸ 액티브 메이크업은 눈이나 입술에 선명하거나 화려한 색의 메이크업을 더해 다이나믹하면서 강한 이미지를 연출

8 미디어 캐릭터 메이크업

27 미디어 캐릭터 메이크업

❶ **전파 매체** : 광고 CF, 영화, 드라마, 방송
  • 광고 : 얼굴 클로즈업 시 섬세한 메이크업 필요
  • 영화, 드라마 : 일반 메이크업, 성격(역할, 캐릭터)메이크업
  • 방송 : 뉴스와 시사 프로그램은 클래식 메이크업, 예능 및 쇼 프로그램은 유행하는 메이크업
❷ **인쇄 매체** : 신문, 화보, 포스터
  • 신문 : 선명도가 떨어지기 때문에 진한 메이크업
  • 화보 및 포스터 : 다양한 메이크업 표현 및 포인트 이해

9 무대공연 캐릭터 메이크업

28 무대공연 캐릭터 메이크업

❶ **기획 의도 파악하기** : 연극, 오페라, 뮤지컬, 마당놀이, 창극 등
❷ **현장 분석 및 이미지 분석하기** : 소극장(500석 이하), 중극장(500~1000석), 대극장(1000석 이상)
❸ **메이크업 디자인하기** : 거리감 해소를 위해 배우 얼굴에 음영과 돌출 효과를 주고 배우의 역할에 몰입할 수 있도록 디자인

01 | 과목별 핵심 요약

3과목 공중위생관리

1 공중 보건

01 공중 보건학

❶ **공중 보건** : 질병 예방, 수명 연장, 신체적·정신적(건강) 효율 증진

❷ **세계보건기구(WHO, World Health Organization)가 규정한 건강**

단지 질병이나 허약함이 없는 상태일 뿐만 아니라 신체적·정신적·사회적으로 완전한 안녕(Well-being) 상태

❸ **질병**

- 의미 : 인체가 기능적, 구조적으로 정상적인 상태에서 벗어나 문제가 생기거나 불편한 상태에 놓이는 것
- 질병 발생의 3요인

병인(병원체)	질병을 일으키는 직접적 원인
숙주	숙주의 감수성에 따라 발병, 유전적 요인, 생활 습관
환경 요인	외적인 모든 원인

❹ **인구**

- 의미 : 일정 기간에 일정한 지역에 생존하는 인간의 집단
- 성비 : 여자 100명에 대한 남자의 비
- 구성

영아 인구	1세 미만의 영·유아
소년 인구	1~14세의 인구
생산 인구	15~65세 미만의 인구
노년 인구	65세 이상의 비생산층 연령

- 인구 문제 : 지속적인 출산율 감소, 고령화, 다문화 가정 증가, 수도권 인구 편중, 이혼율 증가 등 다양

02 보건 지표

❶ **건강 지표** : 세계보건기구가 제시한 개인이나 인구 집단의 건강 수준을 수량적으로 나타내는 지표

❷ **국가의 보건 수준 비교 시 이용되는 3대 지표** : 평균 수명, 비례사망지수, 영아 사망률

❸ **나라간 건강 수준을 비교하는 지표** : 평균 수명, 조사망률, 비례사망지수

평균 수명	사람이 앞으로 평균적으로 몇 년을 살 수 있는지에 대한 기대치
비례사망지수	50세 이상의 사망자 수의 비율, 보건 수준을 나타내는 지표
보통 사망률(조사망률)	인구 1,000명당 1년간 발생한 사망자 수를 표시하는 비율
영아 사망률	출생 1,000명에 대한 생후 1년 미만의 사망 영아 수, 국가나 지역 사회의 보건 수준을 나타내는 대표적인 지표

03 질병 관리

❶ **역학** : 인간 집단을 대상으로 "질병의 발생·분포 및 유행 경향"을 밝히고 그 원인을 규명, "질병 관리와 예방 대책을 수립"하는 학문

❷ **역학 조사 시의 고려 사항**
- 질병의 분포
- 질병의 결정 요인
- 질병 발생 빈도 측정

❸ **감염병의 3요인** : 감염원, 감염 경로(환경), 숙주(감수성)

❹ **병인** : 질병의 원인

정신적	정신질환, 스트레스, 고혈압, 신경성 두통, 소화 불량 등
생물학적	세균, 박테리아, 바이러스 등 감염성 병원체
화학적	화학 약품, 유독 가스 등
물리적	방사선, 외상, 화상, 동상, 온열, 암 등

❺ **감염 경로**

병인	병원체, 병원소
환경	병원소의 탈출, 전파, 새로운 숙주 침입
숙주	숙주의 감수성, 면역

❻ **병원체의 종류와 감염**
- 세균 : 세균성 이질, 콜레라, 장티푸스, 디프테리아, 파라티푸스, 페스트, 결핵
- 바이러스 : 일본 뇌염, 인플루엔자, 소아마비, 두창, 홍역, 수두, 유행성 간염
- 곰팡이 : 무좀, 버짐, 부스럼
- 리케차 : 발진티푸스, 발진열
- 원충류 : 말라리아, 아메바성 이질, 아프리카 수면병
- 기생충 : 회충, 구충, 선모충, 조충류

04 법정 감염병

❶ **의미**: 제1급감염병, 제2급감염병, 제3급감염병, 제4급감염병, 기생충감염병, 세계보건기구 감시대상 감염병, 생물테러감염병, 성매개감염병, 인수(人獸)공통감염병 및 의료관련감염병을 말함

❷ **제1급~제4급 감염병**

제1급	• 생물테러감염병 또는 치명률이 높거나 집단 발생의 우려가 커서 발생 또는 유행 즉시 신고 • 음압격리와 같은 높은 수준의 격리가 필요한 감염병	에볼라바이러스병, 마버그열, 라싸열, 크리미안콩고출혈열, 남아메리카출혈열, 리프트밸리열, 두창, 페스트, 탄저, 보툴리눔독소증, 야토병, 신종감염병증후군, 중증급성호흡기증후군(SARS), 중동호흡기증후군(MERS), 동물인플루엔자 인체감염증, 신종인플루엔자, 디프테리아, 니파바이러스감염증
제2급	• 전파가능성을 고려하여 발생 또는 유행 시 24시간 이내에 신고하여야 하고, 격리가 필요한 감염병	결핵(結核), 수두(水痘), 홍역(紅疫), 콜레라, 장티푸스, 파라티푸스, 세균성이질, 장출혈성대장균감염증, A형간염, 백일해(百日咳), 유행성이하선염(流行性耳下腺炎), 풍진(風疹), 폴리오, 수막구균 감염증, b형헤모필루스인플루엔자, 폐렴구균 감염증, 한센병, 성홍열, 반코마이신내성황색포도알균(VRSA) 감염증, 카바페넴내성장내세균목(CRE) 감염증, E형간염
제3급	• 그 발생을 계속 감시할 필요가 있어 발생 또는 유행 시 24시간 이내에 신고하여야 하는 감염병	파상풍(破傷風), B형간염, 일본뇌염, C형간염, 말라리아, 레지오넬라증, 비브리오패혈증, 발진티푸스, 발진열(發疹熱), 쯔쯔가무시증, 렙토스피라증, 브루셀라증, 공수병(恐水病), 신증후군출혈열(腎症候群出血熱), 후천성면역결핍증(AIDS), 크로이츠펠트-야콥병(CJD) 및 변종크로이츠펠트-야콥병(vCJD), 황열, 뎅기열, 큐열(Q熱), 웨스트나일열, 라임병, 진드기매개뇌염, 유비저(類鼻疽), 치쿤구니야열, 중증열성혈소판감소증후군(SFTS), 지카바이러스 감염증, 매독(梅毒), 엠폭스(MPOX)
제4급	• 제1급감염병부터 제3급감염병까지의 감염병 외에 유행 여부를 조사하기 위하여 표본감시 활동이 필요한 감염병	인플루엔자, 회충증, 편충증, 요충증, 간흡충증, 폐흡충증, 장흡충증, 수족구병, 임질, 클라미디아감염증, 연성하감, 성기단순포진, 첨규콘딜롬, 반코마이신내성장알균(VRE) 감염증, 메티실린내성황색포도알균(MRSA) 감염증, 다제내성녹농균(MRPA) 감염증, 다제내성아시네토박터바우마니균(MRAB) 감염증, 장관감염증, 급성호흡기감염증, 해외유입기생충감염증, 엔테로바이러스감염증, 사람유두종바이러스 감염증, 코로나바이러스감염증-19

05 감염병의 종류

❶ **소화기계 감염병**
- 환자나 보균자의 분뇨를 통해 병원체가 음식물, 식수를 오염시켜 감염을 일으키는 수인성 감염병
- 콜레라, 세균성 이질, 폴리오, 파라티푸스, 장티푸스

❷ **호흡기계 감염병**
- 환자나 보균자의 객담, 콧물, 재채기를 통해 호흡기 계통으로 감염
- 백일해, 홍역, 신종 플루, 인플루엔자, 디프테리아

❸ **절지동물 매개 감염병**
  • 절지동물에 의해 전파되는 감염병
  • 일본뇌염, 말라리아, 발진티푸스, 페스트
❹ **해충에 의한 질병**

모기	일본 뇌염, 말라리아, 사상충, 황열병, 뎅기열 등
파리	세균성 이질, 콜레라, 결핵, 장티푸스, 식중독, 파라티푸스, 디프테리아, 회충, 요충, 편충, 촌충, 소아마비 등
바퀴벌레	장티푸스, 결핵, 세균성 이질, 콜레라, 살모넬라, 디프테리아, 회충, 요충, 편충, 촌충, 소아마비 등
쥐	살모넬라증, 유행성 출혈열, 페스트, 서교열, 렙토스피라증, 발진열, 이질, 선모충증 등

06 기생충 질환

❶ **특징** : 영양 물질 손상, 자극 및 염증, 알레르기 반응, 조직 파괴 등
❷ **원인** : 분변의 비료화, 비위생적인 환경, 식습관의 불균형 등
❸ **예방** : 위생 상태 및 식생활 개선, 소독
❹ **기생충의 종류**

윤충류	선충류	회충	분변, 오염된 음식, 파리의 매개로 경구 침입
		구충(십이지장충)	장에 기생, 손발 등 피부로 경구·경피 감염
		요충	공동으로 쓰는 화장실을 통해 집단 감염이 잘됨, 예방 관리 – 집단 구충 실시
		편충	대장에 기생, 오염된 흙으로 인한 경구 침입, 예방 관리 – 깨끗한 환경 및 통풍
		말레이사상충	모기의 흡혈로 감염, 예방 관리 – 환경 위생, 모기 구제 실시
	조충류	유구조충(갈고리촌충)	소장에 기생, 중간숙주는 돼지, 돼지고기 생식 금지
		무구조충(민촌충)	소장에 기생, 중간숙주는 소, 소고기 생식 금지
	흡충	간흡충(간디스토마)	간의 담관에 기생, 민물고기 생식 습관으로 발생, 제1중간숙주(왜우렁이, 쇠우렁이), 제2중간숙주(잉어, 참붕어 등)
		폐흡충(폐디스토마)	기생 부위는 폐장, 민물가재와 게 생식 금지, 제1중간숙주(다슬기), 제2중간숙주(가재, 게)
		요코가와흡충	어패류, 다슬기, 은어 등이 숙주이며 은어의 생식 금지
원충류		이질 아메바	분변에 의한 감염, 경구 감염, 음식물 위생 관리, 분변의 위생적 처리를 요함
		질 트리코모나스	성관계, 변기, 목욕탕, 타월을 통한 감염, 위생적인 관리 필요

07 성인병 관리

❶ **의미** : 오랜 기간 동안의 잘못된 습관이 노화가 되는 생리적 조건과 함께 발생할 수 있는 퇴행성 질환, 무능력 상태, 기능 장애의 비전염성 질환

❷ **고혈압 관리**
- 원인

본태성 고혈압	유전적 요인, 식염 섭취량 등의 원인
속발성 고혈압	신장 질환, 호르몬 계통 이상의 부수적 발생

- 관리 : 채식 위주의 식사, 동물성 지방 제한

❸ **동맥경화와 심장병 관리**
- 의미 : 혈관에 지방, 콜레스테롤 등이 침착, 혈관이 좁아져 혈액 운반이 원활하지 못하게 됨
- 원인 : 고지혈증, 고혈압, 흡연, 당뇨
- 관리 : 과도한 스트레스·과로를 피함, 규칙적인 생활 습관, 채식 위주 식사, 동물성 지방 자제

❹ **뇌졸중**
- 의미 : 뇌혈관 이상으로 혈관이 파괴, 막힘으로써 의식 장애나 신체 마비 동반
- 원인 : 고지혈증, 고혈압, 당뇨, 흡연, 음주 등
- 관리 : 식이요법, 항응고제 사용 등

❺ **당뇨병**
- 의미 : 췌장에서 분비되는 인슐린의 부족에 의해 발생하는 대사 장애
- 원인

인슐린 의존형	췌장 이상으로 인슐린이 비생성, 소아 당뇨병
인슐린 비의존형	비만이 주요 원인, 성인 당뇨병

- 관리 : 식이요법, 약물, 운동 등

❻ **암**
- 의미 : 비정상적인 세포가 성장 및 증식하여 정상적인 조직을 파괴하고 다른 부위로 전이하여 조직을 파괴시키는 질환
- 원인 : 흡연, 음주, 자외선 노출, 잘못된 식습관, 오염된 환경 물질
- 관리 : 항산화제, 식습관 개선 등

08 정신 보건

❶ **정신 보건학의 목적**
- 정신 장애 예방

- 건전한 정신 기능을 유지하고 증진시킴
- 정신적 장애를 조기 치료
- 치료자의 사회생활로 복귀

❷ 정신 장애

선천적	정신 결함(지적 장애)
후천적	정신 질환 • 신경증(심리적 불안 장애) • 정신병증(정신 분열, 환각, 망상 등)

❸ 정신 장애의 원인 : 유전적, 심리적, 사회적, 신체적, 복합적 요인

09 이·미용 안전사고

❶ **사고의 정의** : 상해인 것을 알 수 있는 예기치 못한 사건(WHO), 인간을 사망이나 부상을 입게 하거나 재산에 손실을 주는 예기치 못한 사건(미국안전협회)

❷ 이·미용 안전사고 및 응급 처치

기기에 의한 화상	• 물로 세척 후 깨끗한 수건으로 화상 부위 도포 • 화상으로 인해 생긴 물집은 터트리지 않음 • 손가락, 발가락에 화상을 입었을 시 달라붙지 않도록 떨어뜨림 • 전신 화상일 경우 옷을 억지로 벗기지 말고 냉찜질하고 병원으로 후송 • 화상 부위는 심장보다 높게 함
화학 약품으로 인한 호흡 곤란	• 화학 물질 사용 시 환기팬을 가동 • 문을 열어 오염된 공기 제거 • 오염된 손은 깨끗이 세척 • 필요시 마스크 착용, 보호 안경 착용
커트 과정 중 자상 출혈	• 소독된 거즈로 상처 부위를 지혈, 압박 • 상처 부위 청결
눈과 귀 등의 이물질	• 눈 : 식염수를 이용해 세척, 깨끗한 물속에서 세척 / 제거할 수 없을 경우 병원으로 후송 • 귀 : 벌레가 들어간 경우 밝은 빛을 비추거나 미지근한 물을 넣어 줌
감전	• 전기로부터 감전자를 분리 • 호흡하지 않을 경우 인공호흡 실시 • 병원 후송 • 전기 기구의 피복 손상, 먼지, 누전 차단기 등을 정기적으로 확인
골절	• 골절 위치에 부목을 대고 외형상 변형이 오지 않게 처치 • 전문의에게 이송

10 가족 보건

① 가족계획
- 계획적인 가족 형성
- 모자 보건 향상, 경제생활 향상, 양육 능력 조절, 여성 인권 존중을 위해 필요

② 모자 보건
- 모성의 건강 유지와 육아에 대한 기술 터득
- 정상적 자녀 출산
- 예측 가능한 사고나 질환, 기형을 예방
- 모성의 생명과 건강을 보호

③ 노인 보건
- 정의 : 노인(연령 만 65세 이상)에 관한 보건에 대해 다루는 분야
- 노화의 특성

보편성	모두에게 동일	점진성	나이가 증가함에 따라
내인성	내적 변화	쇠퇴성	사망의 상태에 이름

- 중요성 : 평균 수명이 늘어남에 따라 노인 인구 증가, 노화 기전이나 유전적 조절 등에 관심 증가, 노인성 질환은 장기적 치료가 필요함에 따라 의료비 증가, 노인 부양 부담 증가에 따른 갈등 최소화
- 노인 질병 예방 및 건강 증진 : 생활의 질 저하 예방, 가족 구성원의 생활과 경제적 지지 체계의 붕괴 예방

1차 예방	예방접종(인플루엔자, B형 간염, 대상 포진 등), 상담을 통한 음주, 흡연량, 치아 검사, 우울증, 영양 상태, 운동량 등을 체크
2차 예방	선별, 치료
3차 예방	노인 재활, 독립성 되찾기

11 환경 보건

① 환경 보건의 개념 : 인간의 신체 발육, 건강 및 생존에 유해한 영향을 미치거나 미칠 가능성이 있는 인간의 물리적 생활 환경에 있어서 모든 요소를 조절하는 것(WHO)

② 자연 환경의 적정 조건

기온	대기의 온도, 적절한 실내 온도 약 18℃
기습	공기 중에 있는 습기(대기 중의 수증기량) 18~20℃에서 60~70%의 습도가 쾌적함
기류	바람(기압과 기온의 차이로 형성), 최적 기류는 기온 18℃ 내외, 기습 40~70%, 실내 0.2~0.5m/sec

❸ 수질 오염의 지표

생화학적 산소 요구량(BOD)	하수 오염의 지표, 물속의 유기 물질을 미생물이 산화·분해하여 안정화시키는 데 필요로 하는 산소량(BOD가 높을수록 오염)
용존 산소(DO)	물속에 녹아 있는 유기 산소량(BOD가 높으면 DO는 낮음)
화학적 산소 요구량(COD)	물속 유기 물질의 오염된 양에 상당하는 산소량
부유 물질(SS)	물에 용해되지 않는 물질

12 산업 보건

❶ **산업 보건의 개념** : 세계보건기구(WHO), 국제노동기구(ILO)가 규정하기를 모든 산업장의 근로자들이 정신적·육체적·사회적으로 최상의 안녕 상태를 유지 및 증진하기 위해 작업 조건으로 인한 질병을 예방하며 건강에 유해한 작업 조건으로부터 근로자들을 보호하고 정서적·생리적으로 알맞은 작업 조건에서 일하도록 배치하는 것

❷ **사업장의 환경 관리**
- 노동 조건의 합리적인 선정으로 건강 상태 유지
- 근로자의 정신적, 육체적 및 사회적 복지를 증진
- 적성에 맞는 직업에 종사함으로써 작업 능률 향상
- 사고 예방

❸ **산업 재해**
- 의미 : 업무에 관계되는 건설물, 설비, 원재료, 가스, 증기, 분진 등 예기치 않게 발생하는 인명피해 및 재산상의 손실
- 요인

환경적 요인	• 시설 미비, 공기구·기계 불량 • 안전장치 미비, 과도한 작업량 • 불량한 작업 환경, 작업장의 정리·정돈 태만
인적 요인	• 관리적 요인(작업 미숙) • 생리적 요인(피로, 수면 부족, 음주, 질병 등) • 심리적 요인(갈등, 착오, 불안전증, 무기력 등)

❹ **주요 직업병**

기압 이상 장애	고기압 – 잠수병(잠함병), 저기압 – 고산병(항공병)
진동 이상 장애	레이노 증후군(Raynaud's Phenomenon)
분진 작업 장애	진폐증(규소 폐증) – 유리 규산, 석면 폐증
저온 작업 장애	참호족, 동상
소음 작업 장애	소음성 난청(직업성 난청)
중독에 의한 장애	납·수은·비소·카드뮴·크롬 중독 등

13 보건 행정

❶ 보건 행정의 정의
- 공중의 건강의 유지, 증진을 위하여 행하는 공중의 보건에 관한 행정[카메야마 고오이치, 1935]
- 사회 복지를 위하여 공적 또는 사적 기관이 공중 보건의 원리와 기법을 응용하는 것[W.G. Smillie, 1930]

❷ 보건 행정의 특징

공공성 및 사회성	공공복지 증진
봉사성	공공기관의 적극적인 서비스
조장성 및 교육성	지역 주민의 교육 및 참여로 목표 달성
과학성 및 기술성	의료과학, 행정 기술 바탕
합리성	최소 비용, 최대 목표 달성

❸ 세계보건기구가 규정한 보건 행정 범위
- 보건 관련 기록 자료 보존
- 공중 보건 교육
- 환경 위생
- 감염병 관리
- 모자 보건
- 의료, 의료 서비스
- 보건 간호

❹ 사회 보장 : 질병, 노령, 장애, 실업, 사망 등의 사회적 위험으로부터 모든 국민을 보호하고, 빈곤을 해소하며, 국민 생활의 질을 향상시키기 위하여 제공되는 사회 보험, 공공부조, 공공 서비스 등을 의미

❺ 국제 보건 기구

유엔아동기금(UNICEF)	원조 물품을 접수하여 필요한 국가에 원조하고, 정당한 분배와 이용을 확인하는데, 특히 모자 보건 향상에 기여
세계보건기구(WHO)	국제 연합 산하의 전문 기관으로 모든 인류의 최고 건강 수준 달성을 목적으로 1948년 4월에 설립
유엔식량농업기구(FAO)	인류의 영양 기준 및 생활 향상을 목적으로 설치된 기구

2 소독

14 소독

❶ 소독의 정의 : 병원 미생물의 감염력과 생활력 파괴를 의미

❷ 소독의 종류

살균	세균을 죽이는 것
멸균	병원균, 아포 등 미생물을 사멸시키는 것
방부	병원성 미생물의 발육을 저지시키는 것
무균	미생물이 존재하지 않는 상태

❸ 소독 기전
- 단백질의 변성과 응고 작용 : 균체 내 단백질의 변성과 응고 작용을 일으켜 그 기능을 상실케 하는 것
- 세포막 또는 세포벽의 파괴 : 영양 물질과 노폐물의 선택적 투과 기능을 상실케 하고 원형질을 객출시켜 미생물체를 사멸시키는 것, 활성 산소 등의 산화 작용에 의한 살균
- 화학적 길항 작용 : 세균의 세포 내로 침습하여 아주 낮은 농도에서는 조효소 등 특이 활성 분자들의 활성을 저해하거나 완전 정지시킴
- 계면 활성제 : 미생물이나 효소의 표면을 농후하게 피복하여 투과성을 저해하고, 타 물질과의 접촉을 방해함으로써 세포벽의 상해 작용을 일으킴

15 소독법의 분류

❶ 자연적 소독

희석	용액에 물이나 다른 용매를 넣어 농도를 묽게 만듦
태양광선	자외선 살균, 세균 사멸
한랭	온도를 낮추어 세균 활동을 지연, 정지시킴

❷ 물리적 소독

건열 멸균법	화염 멸균법, 건열 멸균법, 소각 소독법
습열 멸균법	고압 증기 멸균법, 자비 소독법, 간헐 멸균법, 저온 소독법, 초고온 단시간 소독법

❸ **화학적 소독법** : 소독제(소독약)를 이용한 살균

16 소독 인자

❶ 온도, 수분, 시간
❷ **소독제의 불활성화** : 무기 성분(소금, 금속, 산, 알칼리)이 함유되어 있으면 소독 효과가 떨어짐
❸ 소독제의 농도
- 농도가 높을수록 소독 효과가 좋고, 시간이 짧아짐
- 소독제가 수용액인 경우 물의 양에 따라 달라짐에 주의

❹ **미생물의 농도** : 미생물의 농도가 낮으면 단시간 내 소독 가능

17 소독약

❶ 소독약의 살균 작용

응고	석탄산, 생석회, 승홍, 알코올, 크레졸
산화	과산화수소, 과망간산, 붕산, 아크리놀, 염소 및 그 유도체
불활화	석탄산, 알코올, 역성 비누, 중금속염
가수분해	강산, 알칼리, 중금속염
탈수	알코올, 포르말린, 식염, 설탕
삼투성 변화	석탄산, 역성 비누, 중금속염

❷ 소독약의 종류: 석탄산, 크레졸, 승홍, 생석회(산화칼슘), 포르말린, 과산화수소, 역성 비누, 약용 비누 등

❸ 소독력의 기준 = 석탄산 계수 = 페놀 계수

$$석탄산\ 계수 = \frac{소독약의\ 희석\ 배수}{석탄산의\ 희석\ 배수}$$

- 계수가 클수록 살균력이 강하고, 계수가 1이라면 석탄산과 살균력이 같음을 의미
- 소독력 순서 = 멸균 > 소독 > 방부

❹ 소독약의 조건

- 안전성(인체 무해, 무독)이 높을 것
- 용해성이 높을 것
- 무향, 탈취력이 있을 것
- 독성이 낮을 것
- 경제적이면서 사용 간편할 것
- 살균력이 뛰어나고 환경 오염이 발생하지 않을 것

❺ 소독약의 사용 방법

석탄산(Phenol)	3~5% 수용액을 사용, 단백질 응고 작용, 고온일수록 효과가 큼, 금속에는 사용하지 않음
크레졸(Cresol)	크레졸 3%에 물 97%의 비율로 만들어 사용, 소독력은 석탄산보다 강함
승홍(昇汞)	0.1~0.5% 농도로 사용, 맹독성, 승홍 1 : 식염 1 : 물 1000의 비율로 사용
생석회(CaO)	분변, 하수, 오수, 오물, 토사물 등의 소독에 적합
과산화수소(H_2O_2)	3% 수용액으로 사용, 자극성이 적어 입안 세척, 상처에 사용
역성 비누	10% 용액을 200~400배 희석하여 손 소독에 사용, 과일이나 식기에는 0.01~0.1%로 사용
약용 비누	손, 피부 소독 등에 주로 사용
포르말린	의류, 도자기, 목제품, 고무 제품 등에 사용
알코올	피부 및 기구 소독에 사용, 인체의 상처에는 사용하지 않음
머큐로크롬	점막과 피부 상처에 사용, 살균력이 강하지 않음
포름알데히드	강한 환원력이 있고 낮은 온도에서 살균 작용
염소제	일광과 열에 분해되지 않도록 냉암소 보관

❻ 소독액의 농도 표시 방법: 퍼센트, 퍼밀리, PPM, 희석 배수

3 공중위생관리법규

18 공중위생 관리법

❶ **목적** : 공중이 이용하는 영업의 위생 관리 등에 관한 사항을 규정함으로써 위생 수준을 향상시켜 국민의 건강 증진에 기여

❷ **공중위생 영업** : 다수인을 대상으로 위생 관리 서비스를 제공하는 영업, 숙박업·목욕장업·이용업·미용업·세탁업·건물위생관리업을 의미

19 영업의 신고 및 폐업

❶ **공중위생 영업의 신고** : 시장·군수·구청장에게 영업 시설 및 설비 개요서, 교육수료증을 제출해야 함

❷ **변경신고 해당사항** : 영업소의 명칭 또는 상호, 영업소의 주소, 신고한 영업장 면적의 1/3 이상의 증감, 대표자의 성명 또는 생년월일, 미용업 업종 간 변경

❸ **공중위생 영업의 폐업 신고** : 공중위생 영업을 폐업한 날부터 20일 이내, 신고서를 시장·군수·구청장에게 제출

❹ **영업의 승계** : 이용업 또는 미용업의 경우에는 면허를 소지한 자에 한하여 공중위생 영업자의 지위를 승계, 지위를 승계한 자는 1월 이내에 보건복지부령이 정하는 바에 따라 시장·군수 또는 구청장에게 신고해야 함

20 영업자 준수사항

❶ **위생 관리 의무**
- 의료 기구와 의약품을 사용하지 아니하는 순수한 화장 또는 피부 미용을 할 것
- 미용 기구는 소독을 한 기구와 소독을 하지 아니한 기구로 분리하여 보관
- 면도기는 1회용 면도날만을 손님 1인에 한하여 사용할 것
- 미용사 면허증을 영업소 안에 게시할 것

21 이·미용사의 면허

❶ **이·미용사의 면허 발급 등**
- 보건복지부령이 정하는 바에 의하여 시장·군수·구청장의 면허를 받아야 함
- 면허를 받을 수 없는 경우 : 피성년후견인, 정신질환자, 감염병 환자, 마약 등 약물 중독자, 면허가 취소된 후 1년이 경과되지 아니한 자

❷ **이·미용사의 면허 취소 등**
- 시장·군수·구청장이 면허를 취소하거나 6월 이내의 기간을 정하여 그 면허의 정지를 명할 수 있는 경우
  - 피성년후견인, 정신질환자, 감염병 환자, 약물 중독자

- 면허증을 다른 사람에게 대여한 때
- 자격이 취소된 때
- 이중으로 면허를 취득한 때(나중에 발급받은 면허)
- 면허정지처분을 받고도 그 정지기간 중에 업무를 한 때
- 「성매매알선 등 행위의 처벌에 관한 법률」이나 「풍속영업의 규제에 관한 법률」을 위반하여 관계 행정기관의 장으로부터 그 사실을 통보받은 때
- 면허 취소·정지 처분의 세부적인 기준은 그 처분의 사유와 위반의 정도 등을 감안하여 보건복지부령으로 정함

❸ 면허증의 반납
- 면허가 취소되거나 면허의 정지 명령을 받은 자는 지체 없이 관할 시장·군수·구청장에게 면허증을 반납하여야 함
- 면허의 정지 명령을 받은 자가 반납한 면허증은 그 면허 정지 기간 동안 관할 시장·군수·구청장이 이를 보관하여야 함

22 이·미용사의 업무

❶ 이·미용 종사 가능자
- 이용사 또는 미용사 면허를 받은 자
- 이용사 또는 미용사의 감독을 받아 이용 또는 미용 업무의 보조를 하는 경우

❷ 미용사의 업무 범위

종합	일반, 피부, 네일, 메이크업
미용사 일반	파마, 머리카락 자르기, 머리카락 모양내기, 머리피부손질, 머리카락 염색, 머리감기, 의료기기나 의약품을 사용하지 아니하는 눈썹 손질
피부	의료기기나 의약품을 사용하지 아니하는 피부상태 분석, 피부관리, 제모, 눈썹 손질
메이크업	얼굴 등 신체의 화장, 분장 및 의료기기나 의약품을 사용하니 아니하는 눈썹 손질
네일	손톱과 발톱의 손질, 화장

❸ 영업소 외에서의 이·미용 업무
- 질병·고령·장애나 그 밖의 사유로 영업소에 나올 수 없는 자에 대해 미용을 하는 경우
- 혼례나 그 밖의 의식에 참여하는 자에 대해 그 의식 직전에 미용을 하는 경우
- 사회복지시설에서 봉사활동으로 미용을 하는 경우
- 방송 등의 촬영에 참여하는 사람에 대하여 그 촬영 직전에 미용을 하는 경우
- 특별한 사정이 있다고 시장·군수·구청장이 인정하는 경우

23 행정지도 감독

❶ 영업소 출입 검사

- 특별시장·광역시장·도지사 또는 시장·군수·구청장은 공중위생 관리상 필요하다고 인정하는 때에는 공중위생 영업자에 대하여 필요한 보고를 하게 하거나 소속 공무원으로 하여금 영업소, 사무소 등에 출입하여 공중위생 영업자의 위생관리 의무 이행 등에 대하여 검사하게 하거나 필요에 따라 공중위생 영업 장부나 서류를 열람하게 할 수 있음
- 관계 공무원은 그 권한을 표시하는 증표를 지녀야 하며, 관계인에게 이를 내보여야 함

❷ **영업 제한** : 시·도지사는 공익상 또는 선량한 풍속을 유지하기 위하여 필요하다고 인정하는 때에는 영업 시간 및 영업 행위에 필요한 제한이 가능

❸ **영업소 폐쇄**
- 시장·군수·구청장은 공중위생 영업자가 명령에 위반하거나 또는 관계 행정 기관의 장의 요청이 있는 때에는 6월 이내의 기간을 정하여 영업의 정지 또는 일부 시설의 사용 중지를 명하거나 영업소 폐쇄 등을 명할 수 있음
- 영업의 정지, 일부 시설의 사용 중지와 영업소 폐쇄 명령 등의 세부적인 기준은 보건복지부령으로 정함
- 폐쇄 명령을 받고도 계속하여 영업을 하는 때에는 관계 공무원으로 하여금 영업소의 간판이나 기타 영업 표지물 제거, 위법 영업소임을 알리는 게시물 등의 부착, 영업에 필요한 기구나 시설물을 사용할 수 없게 하는 봉인을 할 수 있음

24 공중위생 감시원

❶ **임명** : 특별시장·광역시장·도지사 또는 시장·군수·구청장이 소속 공무원 중에서 임명

❷ **자격** : 다음 자격자만으로 수급이 곤란할 때는 교육 훈련 2주 이상 수료자를 공중위생 행정에 종사하는 기간 공중위생 감시원으로 임명할 수 있음

> - 위생사 또는 환경기사 2급 이상의 자격증이 있는 사람
> - 대학에서 화학·화공학·환경공학 또는 위생학 분야를 전공하고 졸업한 사람 또는 이와 같은 수준 이상의 자격이 있는 사람
> - 외국에서 위생사 또는 환경기사의 면허를 받은 사람
> - 1년 이상 공중위생 행정에 종사한 경력이 있는 사람

❸ 명예 공중위생 감시원은 시·도지사가 다음에 해당하는 자 중에서 위촉

> - 공중위생에 대한 지식과 관심이 있는 자
> - 소비자 단체, 공중위생 관련 협회 또는 단체의 소속 직원 중에서 당해 단체 등의 장이 추천하는 자

25 위생 관리 등급

❶ **구분** : 최우수 업소(녹색), 우수 업소(황색), 일반 관리 대상 업소(백색)

❷ 주요 내용
- 위생 평가 후 결과를 영업자에게 통보, 이를 공표해야 함
- 시·도지사 또는 시장·군수·구청장은 위생 서비스 평가의 결과 위생 서비스의 수준이 우수하다고 인정되는 영업소에 대하여 포상을 실시할 수 있음
- 영업소에 대한 출입·검사와 위생 감시의 실시 주기 및 횟수 등 위생 관리 등급별 위생 감시 기준은 보건복지부령으로 정함

❸ 영업자 위생 교육
- 매년, 3시간, 방법과 절차는 보건복지부령으로 정함
- 위생 교육 실시 단체의 장은 위생 교육을 수료한 자에게 수료증을 교부하고, 교육 실시 결과를 교육 후 1개월 이내에 시장·군수·구청장에게 통보하여야 하며, 수료증 교부 대장 등 교육에 관한 기록을 2년 이상 보관·관리하여야 함

26 벌칙

❶ 1년 이하의 징역 또는 1천만 원 이하의 벌금
- 공중위생 영업의 신고를 하지 아니하고 공중위생 영업을 한 자
- 영업 정지 명령 또는 일부 시설의 사용 중지 명령을 받고도 그 기간 중에 영업을 하거나 그 시설을 사용한 자 또는 영업소 폐쇄 명령을 받고도 계속하여 영업을 한 자

❷ 6월 이하의 징역 또는 500만 원 이하의 벌금
- 변경 신고를 하지 아니한 자
- 공중위생 영업자의 지위를 승계한 자로서 신고를 하지 아니한 자
- 건전한 영업 질서를 위하여 공중위생 영업자가 준수하여야 할 사항을 준수하지 아니한 자

❸ 300만 원 이하의 벌금
- 다른 사람에게 면허증을 빌려주거나 빌린 사람
- 면허증을 빌려주거나 빌리는 것을 알선한 사람
- 면허의 취소 또는 정지 중에 업무에 종사한 사람
- 면허를 받지 아니하고 영업을 개설하거나 업무에 종사한 사람

27 과징금

❶ 대통령령으로 정한 행정법 위반에 대한 금전적 제재로, 시장·군수·구청장은 영업 정지가 이용자에게 심한 불편을 주거나 그 밖에 공익을 해할 우려가 있는 경우에는 영업 정지 처분에 갈음하여 1억 원 이하의 과징금을 부과할 수 있음

❷ 징수 절차
과징금 납입 고지서에는 이의 신청 방법과 기간이 적혀 있어야 함

28 과태료

❶ 300만 원 이하의 과태료
- 공중위생관리상 필요하다고 인정해 보고를 요청했으나 보고를 하지 아니하거나 관계 공무원의 출입·검사 기타 조치를 거부·방해 또는 기피한 자
- 개선 명령에 위반한 자
- 이용업 신고를 아니하고 이용 업소 표시등을 설치한 자

❷ 200만 원 이하의 과태료
- 미용 업소의 위생 관리 의무를 지키지 아니한 자
- 영업소 외의 장소에서 이용 또는 미용 업무를 행한 자
- 위생 교육을 받지 아니한 자

29 행정처분

❶ 미용사 면허에 관한 규정을 위반한 때

미용사 자격이 취소된 때	면허 취소
미용사 자격 정지 처분을 받은 때	면허 정지(국가 기술 자격법에 의한 자격정지 처분 기간에 한함)
결격 사유에 해당하거나 이중으로 면허를 취득한 때	면허 취소(나중에 발급받은 면허)
면허 정지 처분을 받고 그 정지 기간 중 업무를 행한 때	면허 취소
면허증을 다른 사람에게 대여한 때	1차 위반 시 면허 정지 3월, 2차 위반 시 면허 정지 6월, 3차 위반 시 면허 취소

❷ 시설 및 설비 기준을 위반한 때
- 1차 위반 시 개선 명령
- 2차 위반 시 영업 정지 15일
- 3차 위반 시 영업 정지 1월
- 4차 위반 시 영업장 폐쇄 명령

❸ 소독한 기구와 하지 않은 기구를 구별 보관하지 않은 경우, 일회용 면도날을 재사용한 경우
- 1차 위반 시 경고
- 2차 위반 시 영업 정지 5일
- 3차 위반 시 영업 정지 10일
- 4차 위반 시 영업장 폐쇄 명령

❹ 약사법, 의료 기기법에 따른 의료 기기 사용, 점 빼기·귓불 뚫기·쌍꺼풀 수술 등의 의료 행위를 한 때
- 1차 위반 시 영업 정지 2월
- 2차 위반 시 영업 정지 3월
- 3차 위반 시 영업장 폐쇄 명령

❺ 영업소 이외의 장소에서 업무를 행한 때, 손님에게 도박 및 사행 행위를 하게 한 때, 무자격 안마사로 하여금 업무를 하게 한 때
- 1차 위반 시 영업 정지 1월
- 2차 위반 시 영업 정지 2월
- 3차 위반 시 영업장 폐쇄 명령

02 | 기출문제와 해설

1회 기출문제

01 18세기 말 "인구는 기하급수적으로 늘고 생산은 산술급수적으로 늘기 때문에 체계적인 인구 조절이 필요하다"라고 주장한 사람은?

① 프랜시스 플레이스
② 에드워드 윈슬로우
③ 토마스 R. 맬더스
④ 포베르토 코흐

 맬더스 : 19세기의 인구학자

02 감염병 예방 및 관리에 관한 법률상 제2급 감염병이 아닌 것은?

① A형 간염
② 장출혈성 대장균 감염증
③ 세균성 이질
④ 파상풍

 제2급 감염병 : 전파가능성을 고려하여 발생 또는 유행 시 24시간 이내에 신고하여야 하고, 격리가 필요한 감염병으로 결핵, 수두, 홍역, 콜레라, 장티푸스, 파라티푸스, 세균성 이질, 장출혈성 대장균 감염증, A형 간염, 백일해, 유행성 이하선염, 풍진, 폴리오, 수막구균 감염증 등

03 장염 비브리오 식중독의 설명으로 가장 거리가 먼 것은?

① 원인균은 보균자의 분변이 주 원인이다.
② 복통, 설사, 구토 등이 생기며 발열이 있고, 2~3일이면 회복된다.
③ 예방은 저온 저장, 조리 기구·손 등의 살균을 통해서 할 수 있다.
④ 여름철에 집중적으로 발생한다.

 장염 비브리오 식중독 : 여름철 어패류나 생선을 날 것으로 먹었을 때 장염 비브리오 균에 의해 발생

04 이·미용사의 위생복을 흰색으로 하는 것이 좋은 주된 이유는?

① 오염된 상태를 가장 쉽게 발견할 수 있다.
② 가격이 비교적 저렴하다.
③ 미관상 가장 보기가 좋다.
④ 열 교환이 가장 잘된다.

 흰색은 오염 상태가 바로 확인되어 잘 관리하면 위생적으로 보인다.

05 보건 행정에 대한 설명으로 가장 적합한 것은?

① 공중 보건의 목적을 달성하기 위해 공공의 책임 하에 수행하는 행정 활동
② 개인 보건의 목적을 달성하기 위해 공공의 책임 하에 수행하는 행정 활동
③ 국가 간의 질병 교류를 막기 위해 공공의 책임 하에 수행하는 행정 활동
④ 공중 보건의 목적을 달성하기 위해 개인의 책임 하에 수행하는 행정 활동

- 공중 보건의 목적 : 질병 예방, 생명 연장, 건강 증진을 위한 정책이나 프로그램 체계
- 보건 행정 : 모든 국민이 건강한 생활을 할 수 있도록 하는 수단, 국가의 책임 아래 주도

06 모기가 매개하는 감염병이 아닌 것은?

① 일본 뇌염
② 콜레라
③ 말라리아
④ 사상충증

모기 매개 감염병 : 황열, 지카 바이러스, 말라리아, 뎅기열, 일본 뇌염, 사상충증

07 대기 오염 방지 목표와 연관성이 가장 적은 것은?
① 경제적 손실 방지
② 직업병의 발생 방지
③ 자연환경의 악화 방지
④ 생태계 파괴 방지

> 직업병은 산업 재해와 관련이 있다.

08 다음 중 식기류 소독에 가장 적당한 것은?
① 30% 알코올　② 역성 비누액
③ 40℃의 온수　④ 염소

> 역성 비누액 : 10% 용액을 200~400배 희석하여 손 소독에 사용, 과일이나 식기에는 0.01~0.1%로 사용

09 살균과 침투성은 약하지만 자극이 없고 발포 작용에 의해 구강이나 상처 소독에 주로 사용되는 소독제는?
① 페놀　② 염소
③ 과산화수소　④ 알코올

> 과산화수소(H_2O_2) : 3% 수용액으로 자극성이 적어 입안 세척, 상처에 사용

10 세균 증식 시 높은 염도를 필요로 하는 호염성균에 속하는 것은?
① 콜레라　② 장티푸스
③ 장염 비브리오　④ 이질

> • 호염성균 : 일정 정도 이상의 염분이 있는 액체 속에서 발육, 번식하는 세균
> • 장염 비브리오 : 식염 농도 2~5%에서 잘 증식, 최적의 증식 온도는 30~37℃

11 소독 방법에서 고려되어야 할 사항으로 가장 거리가 먼 것은?
① 소독 대상물의 성질
② 병원체의 저항력
③ 병원체의 아포 형성 유무
④ 소독 대상물의 그람 염색 유무

> 그람 염색 : 세균이나 효모를 분류하는 데 도움을 주는 미생물 염색법

12 병원체의 병원소 탈출 경로와 가장 거리가 먼 것은?
① 호흡기로부터 탈출
② 소화기 계통으로 탈출
③ 비뇨 생식기 계통으로 탈출
④ 수질 계통으로 탈출

> 병원체는 인체 내에 기생하며 감염을 일으킨다.

13 따뜻한 물에 중성 세제로 잘 씻은 후 물기를 뺀 다음 70% 알코올에 20분 이상 담그는 소독법으로 가장 적합한 것은?
① 유리제품　② 고무제품
③ 금속제품　④ 비닐제품

> 유리제품은 열탕 소독한다.

14 병원성 미생물의 발육을 정지시키는 소독 방법은?
① 희석　② 방부
③ 정균　④ 여과

> 방부(antiseptic) : 병원성 미생물의 발육과 그 작용을 억제 또는 정지시켜 음식물 등의 부패나 발효를 방지하는 것

정답
01 ③　02 ④　03 ①　04 ①　05 ①　06 ②　07 ②　08 ②　09 ③　10 ③
11 ④　12 ④　13 ①　14 ②

15 계란 모양의 핵을 가진 세포들이 일렬로 밀접하게 정렬되어 있는 한 개의 층으로, 새로운 세포 형성이 가능한 층은?

① 각질층 ② 기저층
③ 유극층 ④ 망상층

 기저층 : 표피의 가장 아래층으로 진피와 접하고 멜라닌 형성 세포와 머켈 세포가 존재

16 피부의 과색소 침착 증상이 아닌 것은?

① 기미 ② 백반증
③ 주근깨 ④ 검버섯

 백반증 : 멜라닌 세포 소실에 의해 다양한 크기와 형태의 백색 반들이 피부에 나타나는 후천성 탈색소 질환

17 정상 피부의 pH 범위는?

① pH 3~4
② pH 6.5~8.5
③ pH 4.5~6.5
④ pH 7~9

 정상 피부 : 중성 피부(pH 5~6)

18 적외선이 피부에 미치는 영향으로 가장 거리가 먼 것은?

① 온열 효과가 있다.
② 혈액 순환 개선에 도움을 준다.
③ 피부 건조화, 주름 형성, 피부 탄력 감소를 유발한다.
④ 피지선과 한선의 기능을 활성화하여 피부 노폐물 배출에 도움을 준다.

자외선이 피부에 미치는 영향 : 피부 건조화, 주름 형성, 피부 탄력 감소 유발

19 식후 12~16시간 경과되어 정신적, 육체적으로 아무것도 하지 않고 가장 안락한 자세로 조용히 누워 있을 때 생명을 유지하는 데 소요되는 최소한의 열량을 의미하는 것은?

① 순환대사량 ② 기초대사량
③ 활동대사량 ④ 상대대사량

 기초대사량 : 인간과 동물이 활동을 하지 않는 휴식 상태에서도 뇌의 활동, 심장 박동, 간의 생화학 반응 등 신체의 생명 활동 기능을 유지하기 위해서 필요한 에너지의 양

20 비듬이 생기는 원인과 관계없는 것은?

① 신진대사가 계속적으로 나쁠 때
② 탈지력이 강한 샴푸를 계속 사용할 때
③ 염색 후 두피가 손상되었을 때
④ 샴푸 후 린스를 하였을 때

 린스 : 머리를 헹굴 때 세발한 모발을 산성으로 만들어 유연성을 주고, 탈지(脫脂)된 모발에 적당한 기름기를 주어 부드러운 광택이 있는 모발로 만들기 위하여 사용하는 세제

21 피부 노화 이론과 가장 거리가 먼 것은?

① 셀룰라이트 형성
② 프리래디컬 이론
③ 노화의 프로그램설
④ 텔로미어 학설

 셀룰라이트 : 지방에 노폐물과 체액이 결합되어 형성되는 변형 세포로, 비만과 관련됨

22 이·미용업을 하고자 하는 자가 하여야 하는 절차는?

① 시장·군수·구청장에게 신고한다.
② 시장·군수·구청장에게 통보한다.
③ 시장·군수·구청장의 허가를 얻는다.
④ 시·도지사의 허가를 얻는다.

 이·미용업 허가는 시장·군수·구청장에게의 신고를 통해 이루어진다.

23 건전한 영업 질서를 위하여 공중위생영업자가 준수하여야 할 사항을 준수하지 아니한 자에 대한 벌칙 기준은?

① 1년 이하의 징역 또는 1천만 원 이하의 벌금
② 6월 이하의 징역 또는 500만 원 이하의 벌금
③ 3월 이하의 징역 또는 300만 원 이하의 벌금
④ 300만 원의 과태료

> 6월 이하의 징역 또는 500만 원 이하의 벌금에 해당하는 경우
> - 건전한 영업 질서를 위하여 영업자가 준수하여야 할 사항을 준수하지 아니한 자
> - 규정에 의한 변경 신고를 하지 아니한 자
> - 공중위생영업자의 지위를 승계한 자로서 규정에 의한 신고를 하지 아니한 자

24 면허가 취소된 자는 누구에게 면허증을 반납하여야 하는가?

① 보건복지부 장관
② 시·도지사
③ 시장·군수·구청장
④ 읍·면장

> 이·미용업 관련 행정 명령 주체는 시장·군수·구청장이다.

25 이·미용업소에서 영업 정지 처분을 받고 그 정지 기간 중에 영업을 한 때의 1차 위반 행정 처분 내용은?

① 영업 정지 1월
② 영업 정지 2월
③ 영업 정지 3월
④ 영업장 폐쇄 명령

> 1차에서 영업장 폐쇄 명령인 경우 : 영업 신고를 하지 않은 경우, 영업 정지 기간 중 영업, 정당한 사유 없이 6개월 이상 계속 휴업하는 경우, 관할 세무서장에게 폐업 신고를 하거나 관할 세무서장이 사업자 등록을 말소한 경우

26 영업자의 위생 관리 의무가 아닌 것은?

① 영업소에서 사용하는 기구를 소독한 것과 소독하지 않은 것을 분리 보관한다.
② 영업소에서 사용하는 1회용 면도날은 손님 1인에 한하여 사용한다.
③ 자격증을 영업소 안에 게시한다.
④ 면허증을 영업소 안에 게시한다.

> 위생 관리 기준(영업자 준수 사항)
> - 미용기구는 소독한 기구와 아니 한 기구를 분리하여 보관할 것
> - 점 빼기, 귓불 뚫기, 쌍거풀 수술, 문신, 박피 등 유사한 의료 행위는 금지
> - 피부 미용을 위하여 약사법에 따른 의약품, 의료기기 사용 금지
> - 1회용 면도날은 손님 1인에 한하여 사용
> - 업소 내에 영업 신고증, 면허증 원본 및 최종 지불요금표 게시(부착)
> - 영업장 조명은 75럭스 이상
> - 영업장 면적 66제곱미터(20평) 이상인 영업소는 영업소 외부에 최종지불요금표 일부 항목(5개 이상)을 표시

27 의료법 위반으로 영업장 폐쇄 명령을 받은 이·미용업 영업자는 얼마의 기간 동안 같은 종류의 영업을 할 수 없는가?

① 2년   ② 1년
③ 6개월   ④ 3개월

> 1년간은 같은 종류의 영업을 할 수 없다.

28 공중위생 관리법규 상 위생 관리 등급의 구분이 바르게 짝지어진 것은?

① 최우수 업소 : 녹색 등급
② 우수 업소 : 백색 등급
③ 일반 관리 대상 업소 : 황색 등급
④ 관리 미흡 대상 업소 : 적색 등급

> 최우수 업소(녹색), 우수 업소(황색), 일반 관리 대상 업소(백색)

정답
15 ② 16 ② 17 ③ 18 ③ 19 ② 20 ④ 21 ① 22 ① 23 ② 24 ③
25 ④ 26 ③ 27 ② 28 ①

29 유연 화장수의 작용으로 가장 거리가 먼 것은?

① 피부에 보습을 주고 윤택하게 해준다.
② 피부에 남아 있는 비누의 알칼리 성분을 중화시킨다.
③ 각질층에 수분을 공급해 준다.
④ 피부의 모공을 넓혀 준다.

 유연 화장수 : 스킨로션이나 토너로 세안 직후 사용, 피부에 수분을 공급

30 크림 파운데이션에 대한 설명 중 가장 적합한 것은?

① 얼굴의 형태를 바꾸어 준다.
② 피부의 잡티나 결점을 커버해 주는 목적으로 사용된다.
③ O/W형은 W/O형에 비해 비교적 사용감이 무겁고 퍼짐성이 낮다.
④ 화장 시 산뜻하고 청량감이 있으나 커버력이 약하다.

 파운데이션은 피부 표현 시 결점 커버를 위해 사용한다.

31 피지 조절, 항우울과 함께 분만 촉진에 효과적인 아로마 오일은?

① 라벤더　　② 로즈메리
③ 재스민　　④ 오렌지

 아로마 오일(에센셜 오일)의 효능
- 라벤더 : 진정, 항생, 해독, 세포 재생
- 로즈메리 : 근육통 완화
- 오렌지 : 위장 기능 강화, 식욕 증진, 소화 촉진

32 피부 클렌저로 사용하기에 적합하지 않은 것은?

① 강알칼리성 비누
② 약산성 비누
③ 탈지를 방지하는 클렌징 제품
④ 보습 효과를 주는 클렌징 제품

 강알칼리성 비누는 세안력이 높지만 수분까지 증발시켜 피부에 좋지 않다.

33 가용화 기술을 적용하여 만들어진 것은?

① 마스카라　　② 향수
③ 립스틱　　　④ 크림

 가용화 : 물에 소량의 유성 성분을 투명하게 용해시키는 기술로 화장수나 에센스, 향수 등 투명 제품을 만드는 데 이용

34 미백 화장품에 사용되는 대표적인 미백 성분은?

① 레티노이드(Retinoid)
② 알부틴(Arbutin)
③ 라놀린(Lanolin)
④ 토코페놀 아세테이트(Tocopherol acetate)

 알부틴 : 1897년 처음 개발, 멜라닌 색소의 활성 억제, 백반증이나 피부 알레르기 등을 유발할 수 있어 최근에는 사용하지 않음, 대체 성분으로 '나이아신 아마이드(미백 개선)'를 선호함

35 진피층에도 함유되어 있으며 보습 기능으로 피부 관리 제품에 사용되는 성분은?

① 알코올　　② 콜라겐
③ 판테놀　　④ 글리세린

 콜라겐 : 진피의 결합 조직에 있는 교원 섬유

36 눈의 형태에 따른 아이섀도 기법으로 틀린 것은?

① 부은 눈 : 펄 감이 없는 브라운이나 그레이 컬러로 아이 홀을 중심으로 넓지 않게 펴 바른다.
② 처진 눈 : 포인트 컬러를 눈꼬리 부분에서 사선 방향으로 올려 주고, 언더 컬러는 사용하지 않는다.
③ 올라간 눈 : 눈 앞머리 부분에 짙은 컬러를 바르고, 눈 중앙에서 꼬리까지 엷은 색을 발라 주며, 언더 부분은 넓게 펴 바른다.
④ 작은 눈 : 눈두덩이 중앙에 밝은 컬러로 하이라이트를 하며 눈앞머리에 포인트를 주고, 아이라인은 그리지 않는다.

37 아이섀도를 바를 때, 눈 밑에 떨어진 가루나 과다한 파우더를 털어 내는 도구로 가장 적절한 것은?

① 파우더 퍼프 ② 파우더 브러시
③ 팬 브러시 ④ 블러셔 브러시

 부채 모양의 팬 브러시를 눈가 아래쪽에 대고 아이섀도를 발라 주면 가루가 지저분하게 눈 밑에 붙지 않게 할 수 있다.

38 눈썹을 그리기 전, 후 자연스럽게 눈썹을 빗어 주는 나사 모양의 브러시는?

① 립 브러시 ② 팬 브러시
③ 스크루 브러시 ④ 파우더 브러시

 스크루 브러시 : 나사 모양의 브러시로 눈썹을 반듯하게 빗어서 모양을 잡는다.

39 각 눈썹 형태에 따른 이미지와 그에 알맞은 얼굴형의 연결이 가장 적합한 것은?

① 상승형 눈썹 – 동적이고 시원한 느낌 – 둥근형
② 아치형 눈썹 – 우아하고 여성적인 느낌 – 삼각형
③ 각진형 눈썹 – 지적이고 단정하며 세련된 느낌 – 긴 형, 장방형
④ 수평형 눈썹 – 젊고 활동적인 느낌 – 둥근형, 얼굴 길이가 짧은 형

 눈썹 곡선이 뚜렷한 것은 둥근형 얼굴에 적합하다.

40 색의 배색과 그에 따른 이미지를 연결한 것으로 옳은 것은?

① 악센트 배색 – 부드럽고 차분한 느낌
② 동일색 배색 – 무난하면서 온화한 느낌
③ 유사색 배색 – 강하고 생동감 있는 느낌
④ 그라데이션 배색 – 개성 있고 아방가르드한 느낌

 악센트 배색은 강조 효과를 주고, 동일색이나 유사색은 무난하고 부드러운 느낌을, 그라데이션은 깊이를 느끼게 한다.

41 뷰티 메이크업과 관련한 내용으로 가장 거리가 먼 것은?

① 눈썹, 아이섀도, 입술 메이크업 시 고객의 부족한 면을 보완하여 균형 잡힌 얼굴로 표현한다.
② 메이크업은 색상, 명도, 채도 등을 고려하여 고객의 상황에 맞는 컬러를 선택하도록 한다.
③ 사람은 대부분 얼굴의 좌우가 다르므로 자연스러운 메이크업을 위해 최대한 생김새를 그대로 표현하여 생동감을 준다.
④ 의상, 헤어, 분위기 등의 전체적인 이미지 조화를 고려하여 메이크업한다.

 뷰티 메이크업은 개인의 장점을 살리고 단점을 극복하는 메이크업이다.

42 계절별 화장법으로 가장 거리가 먼 것은?

① 봄 메이크업 : 투명한 피부 표현을 위해 리퀴드 파운데이션을 사용하며, 눈썹과 아이섀도를 자연스럽게 표현한다.
② 여름 메이크업 : 콘트라스트가 강한 색상으로 선을 강조하고 베이지 컬러의 파우더로 피부를 매트하게 표현한다.
③ 가을 메이크업 : 아이 메이크업 시 저채도의 베이지, 브라운 컬러를 사용하여 그윽하고 깊은 눈매를 연출한다.
④ 겨울 메이크업 : 전체적으로 깨끗하고 심플한 이미지를 표현하고, 립은 레드나 와인 계열 등의 컬러를 바른다.

 여름에는 자외선 차단과 방수성이 높은 화장품, 펄을 사용하여 탄력 있는 피부 표현을 하며, 메이크업 색상으로는 고명도·중채도의 밝고 시원한 느낌, 화이트·실버·블루·바이올렛이 적합하다.

정답

| 29 ④ | 30 ② | 31 ③ | 32 ① | 33 ② | 34 ② | 35 ② | 36 ④ | 37 ③ | 38 ③ |
| 39 ① | 40 ② | 41 ③ | 42 ② | | | | | | |

43 삼각형 얼굴의 수정 메이크업 방법으로 틀린 것은?

① 이마의 각진 부위와 튀어나온 턱뼈 부위에 어두운 파운데이션을 발라서 갸름하게 보이게 한다.
② 눈썹은 각진 얼굴형과 어울리도록 시원하게 아치형으로 그려 준다.
③ 일자형 눈썹과 길게 뺀 아이라인으로 포인트 메이크업하는 것이 효과적이다.
④ 입술 모양은 곡선 형태로 부드럽게 표현한다.

44 다음에서 설명하는 아이섀도 제품의 타입은?

> • 장시간 지속 효과가 낮다.
> • 기온 변화로 번들거림이 생기는 단점이 있다.
> • 유분이 함유되어 부드럽고 매끄럽게 펴 바를 수 있다.
> • 제품 도포 후 파우더로 색을 고정시켜 지속력과 색의 선명도를 향상시킬 수 있다.

① 크림 타입
② 펜슬 타입
③ 케이크 타입
④ 파우더 타입

 크림 타입은 부드럽게 잘 발리는 반면, 쉽게 지워질 수 있다.

45 파운데이션을 바르는 방법으로 가장 거리가 먼 것은?

① O존은 피지 분비량이 적어 소량의 파운데이션으로 가볍게 바른다.
② V존은 잡티가 많으므로 슬라이딩 기법으로 여러 번 겹쳐 발라 결점을 가려 준다.
③ S존은 슬라이딩 기법과 가볍게 두드리는 패팅 기법을 병행하여 메이크업의 지속성을 높여 준다.
④ 헤어라인은 귀 앞머리 부분까지 라텍스 스펀지에 남아 있는 파운데이션을 사용해 슬라이딩 기법으로 발라준다.

 파운데이션 바르는 순서 : V존-T존-C존, 잡티는 여러 번 두드려(패팅) 흡수시키고, 컨실러를 이용해 커버할 수 있다.

46 긴 얼굴형에 적합한 눈썹 메이크업으로 가장 적합한 것은?

① 가는 곡선형으로 그린다.
② 눈썹 산이 높은 아치형으로 그린다.
③ 각진 아치형이나 상승형, 사선 형태로 그린다.
④ 다소 두께감이 느껴지는 직선형으로 그린다.

 긴 얼굴형은 두께감 있는 눈썹 표현으로 얼굴 길이를 작게 만드는 메이크업을 한다.

47 조선 시대 화장 문화에 대한 설명으로 틀린 것은?

① 이중적인 성 윤리관이 화장 문화에 영향을 주었다.
② 여염집 여성의 화장과 기생 신분의 여성의 화장이 구분되었다.
③ 영육일치 사상의 영향으로 남·여 모두 미(美)에 대한 관심이 높았다.
④ 미인박명(美人薄命) 사상이 문화적 관념으로 자리 잡음으로써 미(美)에 대한 부정적인 인식이 형성되었다.

 영육일치 사상 : 신라, 남성인 화랑도 화장을 하였다.

48 메이크업 도구 및 재료의 사용법에 대한 설명으로 가장 거리가 먼 것은?

① 브러시는 전용 클리너로 세척하는 것이 좋다.
② 아이래시컬러는 속눈썹을 아름답게 올려줄 때 사용한다.
③ 라텍스 스펀지는 세균이 번식하기 쉬우므로 깨끗한 물로 씻어서 재사용한다.
④ 면봉은 부분 메이크업 또는 메이크업 수정 시 사용한다.

 라텍스 스펀지와 분첩은 비누 세척하고 깨끗한 수건을 덮어 가볍게 두드려 물기를 제거한다.

49 색과 관련한 설명으로 틀린 것은?

① 물체의 색은 빛이 거의 모두 반사되어 보이는 색이 백색, 빛이 모두 흡수되어 보이는 색이 흑색이다.
② 불투명한 물체의 색은 표면의 반사율에 의해 결정된다.
③ 유리잔에 담긴 레드 와인은 장파장의 빛은 흡수하고, 그 외의 파장은 투과하여 붉게 보이는 것이다.
④ 장파장은 단파장보다 산란이 잘되지 않는 특성이 있어 신호등의 빨간색은 흐린 날 멀리서도 식별 가능하다.

 유리잔에 담긴 레드 와인은 유리를 통해 투과되어 보이는 색이다.

50 한복 메이크업 시 주의 사항이 아닌 것은?

① 색조 화장은 저고리 깃이나 고름 색상에 맞추는 것이 좋다.
② 너무 강하거나 화려한 색상은 피하는 것이 좋다.
③ 단아한 이미지를 표현하는 것이 좋다.
④ 한복으로 가려진 몸매를 입체적인 얼굴로 표현한다.

 한복 메이크업에서 입체 화장은 어색해 보일 수 있다.

51 같은 물체라도 조명이 다르면 색이 다르게 보이거나 시간이 갈수록 원래 물체의 색으로 인지하게 되는 현상은?

① 색의 불변성 ② 색의 항상성
③ 색 지각 ④ 색 검사

 항상성 : 주변 환경이 달라져도 색의 본래 모습을 그대로 느끼는 현상

52 사극 수염 분장에 필요한 재료가 아닌 것은?

① 스프리트 검 ② 쇠 브러시
③ 생사 ④ 더마 왁스

더마 왁스는 찢어진 상처 표현을 위한 분장용 재료이다.

53 '톤을 겹친다'라는 의미로 동일한 색상에서 톤의 명도 차를 비교적 크게 둔 배색 방법은?

① 동일색 배색 ② 톤 온 톤 배색
③ 톤 인 톤 배색 ④ 세퍼레이션 배색

tone on tone : 톤을 중첩시킨 배색으로, 같은 계통의 색상 중 명도차 있게 조합

54 메이크업 미용사의 기본적인 용모 및 자세로 가장 거리가 먼 것은?

① 업무 시작 전·후 메이크업 도구와 제품 상태를 점검한다.
② 메이크업 시 위생을 위해 마스크를 항상 착용하고 고객과 직접 대화하지 않는다.
③ 고객을 맞이할 때는 바로 자리에서 일어나 공손히 인사한다.
④ 영업장으로 걸려온 전화를 받을 때는 필기도구를 준비하여 메모를 한다.

고객과의 자연스러운 대화를 통해 고객이 원하는 메이크업을 디자인할 수 있다.

55 현대의 메이크업 목적으로 가장 거리가 먼 것은?

① 개성 창출 ② 추위 예방
③ 자기만족 ④ 결점 보완

추위 예방 : 선사 시대 기후와 자연을 극복하기 위한 메이크업의 초기 기능

정답

| 43 ③ | 44 ① | 45 ② | 46 ④ | 47 ③ | 48 ③ | 49 ③ | 50 ④ | 51 ② | 52 ④ |
| 53 ② | 54 ② | 55 ② | | | | | | | |

56 여름철 메이크업으로 가장 거리가 먼 것은?

① 태닝 메이크업을 베이스 메이크업으로 응용해 건강한 피부 표현을 한다.
② 약간 각진 눈썹형으로 표현하여 시원한 느낌을 살려 준다.
③ 눈매를 푸른색으로 강조하는 원 포인트 메이크업을 한다.
④ 크림 파운데이션을 사용하여 피부를 두껍게 커버하고 윤기 있게 마무리한다.

 피지 분비가 많은 여름철에는 방수성이 좋은 팬 케이크를 이용하여 피부를 표현한다.

57 메이크업 베이스의 사용 목적으로 틀린 것은?

① 파운데이션의 밀착력을 높여 준다.
② 얼굴의 피부 톤을 조절한다.
③ 얼굴에 입체감을 부여한다.
④ 파운데이션의 색소 침착을 방지해 준다.

 입체감은 하이라이트나 섀딩을 통해 구현한다.

58 긴 얼굴형의 윤곽 수정 표현 방법으로 틀린 것은?

① 콧등 전체에 하이라이트를 주어 입체감 있게 표현한다.
② 눈 밑은 폭넓게 수평형의 하이라이트를 준다.
③ 노즈 섀도는 짧게 표현해 준다.
④ 이마와 아래턱은 섀딩 처리하여 얼굴의 길이가 짧아 보이게 한다.

 긴 얼굴형의 코에 하이라이트를 하면 코가 더 길어 보여 얼굴형의 단점이 두드러지게 된다.

59 눈과 눈 사이가 가까운 눈을 수정하기 위하여 아이섀도 포인트가 들어가야 할 부분으로 옳은 것은?

① 눈 앞머리 ② 눈 중앙
③ 눈 언더라인 ④ 눈꼬리

 아이섀도로 눈꼬리를 다소 길게 빼 시선을 분산시킨다.

60 컨투어링 메이크업을 위한 얼굴형의 수정 방법으로 틀린 것은?

① 둥근형 얼굴 – 양볼 뒤쪽에 어두운 섀딩을 주고 턱, 콧등에 길게 하이라이트를 한다.
② 긴 형 얼굴 – 헤어라인과 턱에 섀딩을 주고 볼쪽에 하이라이트를 한다.
③ 사각형 얼굴 – T존에 하이라이트를 강조하고 U존에 명도가 높은 블러셔를 한다.
④ 역삼각형 얼굴 – 헤어라인에서 양쪽 이마 끝에 섀딩을 준다.

 컨투어링 메이크업 : 얼굴 윤곽을 살려 입체적으로 표현하는 메이크업, 사각형인 경우 부드러워 보이는 인상을 위해 이마 중앙에 둥근 하이라이트, U존은 섀딩한다.

정답 56 ④ 57 ③ 58 ① 59 ④ 60 ③

02 | 기출문제와 해설

2회 기출문제

01 다음 중 절족 동물 매개 감염병이 아닌 것은?
① 페스트
② 유행성 출혈열
③ 말라리아
④ 탄저

 탄저 : 탄저균의 포자에 의해 발생하는 감염병, 소나 양, 염소 등 반추 동물에게서 발생하는 것이 일반적이지만 탄저균에 감염된 동물과 접촉하는 인간에게도 감염될 수 있다.

02 다음 중 이·미용 업소의 실내 온도로 가장 알맞은 것은?
① 10℃
② 12~15℃
③ 18~21℃
④ 25℃ 이상

 업소의 실내 쾌적 기온은 18±2℃, 습도는 40~70%

03 공중보건학의 대상으로 가장 적합한 것은?
① 개인
② 지역 주민
③ 의료인
④ 환자 집단

 공중보건학 : 지역 사회 주민을 대상으로 함

04 다음 질병 중 모기가 매개하지 않는 것은?
① 일본 뇌염
② 황열
③ 발진티푸스
④ 말라리아

 발진티푸스 : 감염원은 리케차, 이를 통해 전염

05 다음 ( ) 안에 알맞은 말을 순서대로 옳게 나열한 것은?

세계보건기구의 본부는 스위스 제네바에 있으며 6개의 지역 사무소를 운영하고 있다. 이 중 우리나라는 ( ) 지역에, 북한은 ( ) 지역에 소속되어 있다.

① 서태평양, 서태평양
② 동남아시아, 동남아시아
③ 동남아시아, 서태평양
④ 서태평양, 동남아시아

 세계보건기구(WHO : World Health Organization) : 1948년 4월 7일에 정식 출범, 우리나라는 1949년 65번째로 가입, 북한은 1973년 가입, 우리나라는 필리핀 마닐라에 본부를 둔 서태평양 지역에, 북한은 인도 뉴델리에 본부를 둔 동남아시아 지역에 속한다.

06 요충에 대한 설명으로 옳은 것은?
① 집단 감염의 특징이 있다.
② 충란을 산란하는 곳에는 소양증이 없다.
③ 흡충류에 속한다.
④ 심한 복통이 특징적이다.

 요충 : 농촌보다는 도시에, 성인보다는 소아에게서 흔히 발생, 항문 주위가 가렵고 소양증이 생기며 집단 감염되므로 가족 전체가 구충제를 사용해야 한다.

07 일산화탄소(CO)와 가장 관계가 적은 것은?
① 혈색소와의 친화력이 산소보다 강하다.
② 실내 공기 오염의 대표적인 지표로 사용된다.
③ 중독 시 중추신경계에 치명적인 영향을 미친다.
④ 냄새와 자극이 없다.

 실내 공기 오염의 지표로는 이산화탄소(CO_2)가 사용된다.

정답 01 ④　02 ③　03 ②　04 ③　05 ④　06 ①　07 ②

08 다음 중 세균 세포벽의 가장 외층을 둘러싸고 있는 물질로 백혈구의 식균 작용에 대항하여 세균의 세포를 보호하는 것은?

① 편모　　　② 섬모
③ 협막　　　④ 아포

 편모 : 세균의 운동 기관 / 섬모 : 원생동물의 이동 수단 / 아포 : 포자, 세균의 생식

09 다음 기구 중 열탕 소독이 적합하지 않은 것은?

① 금속성 식기
② 면 종류의 타월
③ 도자기
④ 고무제품

 100°C에 가까운 뜨거운 물로 병원균을 죽이는 열탕 소독은 식기나 유리병에 적합하다. 고무는 열에 의해 변성, 오염될 수 있다.

10 다음 전자파 중 소독에 가장 일반적으로 사용되는 것은?

① 음극선　　　② 엑스선
③ 자외선　　　④ 중성자

 자외선 소독 : 자외선이 박테리아, 바이러스 등의 세포 내에 있는 유전 물질의 변이를 일으켜 성장 및 번식을 억제해 살균, 소독한다.

11 다음의 계면 활성제 중 살균보다는 세정의 효과가 더 큰 것은?

① 양성 계면 활성제
② 비이온 계면 활성제
③ 양이온 계면 활성제
④ 음이온 계면 활성제

 음이온 계면 활성제 : 비누나 세제 등으로 일상생활에서 광범위하게 사용

12 분해 시 발생하는 발생기 산소의 산화력을 이용하여 표백 탈취, 살균 효과를 나타내는 소독제는?

① 승홍수　　　② 과산화수소
③ 크레졸　　　④ 생석회

 과산화수소 : 3~4%의 희석액을 소독액으로 사용, 세포벽을 산화시켜 파괴하여 세균을 불활성화(소독)시킨다.

13 역성 비누액에 대한 설명으로 틀린 것은?

① 냄새가 거의 없고 자극이 적다.
② 소독력과 함께 세정력이 강하다.
③ 수지, 기구, 식기 소독에 적당하다.
④ 물에 잘 녹고 흔들면 거품이 난다.

 역성 비누액 : 10% 용액을 200~400배 희석하여 손 소독에 사용, 과일이나 식기에는 0.01~0.1%로 사용

14 바이러스에 대한 설명으로 틀린 것은?

① 독감 인플루엔자를 일으키는 원인이 여기에 해당한다.
② 크기가 작아 세균 여과기를 통과한다.
③ 살아 있는 세포 내에서 증식이 가능하다.
④ 유전자는 DNA와 RNA 모두로 구성되어 있다.

 바이러스 : 생명체의 특성과 비생명체의 특성을 다 가지고 있는 세균보다 작은 크기의 병원체, 완전한 세포 구조를 이루지 않아 핵산과 그것을 둘러싼 단백질 껍질의 형태로 존재

15 폐경기의 여성이 골다공증에 걸리기 쉬운 이유와 관련이 있는 것은?

① 에스트로겐의 결핍　　　② 안드로겐의 결핍
③ 테스토스테론의 결핍　　④ 티록신의 결핍

 여성 호르몬 에스트로겐의 주요 작용 : 여성의 2차 성징, 뼈를 강화시키고 보호하여 골밀도를 높임, 혈중 콜레스테롤을 낮춰 줌, 뇌신경 전달 물질의 분비를 조절

16 피부색에 대한 설명으로 옳은 것은?

① 피부의 색은 건강 상태와 관계없다.
② 적외선은 멜라닌 생성에 큰 영향을 미친다.
③ 남성보다 여성, 고령층보다 젊은 층에 색소가 많다.
④ 피부의 황색은 카로틴에서 유래한다.

> 피부색을 결정하는 주요 인자 : 멜라닌, 헤모글로빈, 카로틴

17 기미를 악화시키는 주요한 원인으로 틀린 것은?

① 경구 피임약의 복용   ② 임신
③ 자외선 차단   ④ 내분비 이상

> 자외선은 기미나 주근깨 등의 피부 색소 침착을 유발하므로 차단하면 예방 효과가 있다.

18 광 노화로 인한 피부 변화로 틀린 것은?

① 굵고 깊은 주름이 생긴다.
② 피부의 표면이 얇아진다.
③ 불규칙한 색소 침착이 생긴다.
④ 피부가 거칠고 건조해진다.

> 광 노화 시 피부는 두꺼워진다.

19 B 림프구의 특징으로 틀린 것은?

① 세포 사멸을 유도한다.
② 체액성 면역에 관여한다.
③ 림프구의 20~30%를 차지한다.
④ 골수에서 생성되며 비장과 림프절로 이동한다.

> B 림프구는 체액성 면역 반응을 주도하여 항체를 만들어 내고, T 림프구는 세포 매개성 면역 반응으로 항원을 무력화, 사멸을 유도한다.

20 에크린 한선에 대한 설명으로 틀린 것은?

① 실밥을 둥글게 한 것 같은 모양으로 진피 내에 존재한다.
② 사춘기 이후에 주로 발달한다.
③ 특수한 부위를 제외한 거의 전신에 분포한다.
④ 손바닥, 발바닥, 이마에 가장 많이 분포한다.

> 사춘기 이후에 주로 발달하는 한선은 아포크린 한선(대한선)이다.

21 모세혈관 파손과 구진 및 농포성 질환이 코를 중심으로 양 볼에 나비 모양을 이루는 피부 병변은?

① 접촉성 피부염
② 주사
③ 건선
④ 농가진

> 주사 : 주사비, 딸기코는 얼굴의 홍조나 모세혈관확장증, 구진, 농포, 부종의 특징이 있는 만성 피부병이다.

22 영업소 외의 장소에서 이·미용 업무를 행할 수 있는 경우에 해당하지 않는 것은?

① 질병이나 그 밖의 사유로 영업소에 나올 수 없는 자에 대하여 이·미용을 하는 경우
② 혼례나 그 밖의 의식에 참여하는 자에 대하여 그 의식 직전에 이·미용을 하는 경우
③ 방송 등의 촬영에 참여하는 사람에 대하여 그 촬영 직전에 이·미용을 하는 경우
④ 특별한 사정이 있다고 사회 복지사가 인정하는 경우

> 보건복지부령이 정하는 특별한 사유가 있는 경우 이·미용 업무를 영업소 외의 장소에서 행할 수 있다.

정답	08 ③	09 ④	10 ③	11 ④	12 ②	13 ②	14 ④	15 ①	16 ④	17 ③
	18 ②	19 ①	20 ②	21 ②	22 ④					

23 공중위생관리법에 규정된 사항으로 옳은 것은?(단, 예외 사항은 제외한다.)

① 이·미용사의 업무 범위에 관하여 필요한 사항은 보건복지부령으로 정한다.
② 이·미용사의 면허를 가진 자가 아니어도 이·미용업을 개설할 수 있다.
③ 미용사(일반)의 업무 범위에는 파마, 아이론, 면도, 머리피부 손질, 피부 미용 등이 포함된다.
④ 일정한 수련 과정을 거친 자는 면허가 없어도 이용 또는 미용 업무에 종사할 수 있다.

 이·미용사의 영업은 보건복지부령이 정하는 바에 의하여 시장·군수·구청장의 면허를 받아야 한다.

24 이·미용 업소의 폐쇄 명령을 받고도 계속하여 영업을 하는 때 관계 공무원이 취할 수 있는 조치로 틀린 것은?

① 당해 영업소의 간판 기타 영업 표지물의 제거
② 영업을 위하여 필수불가결한 기구 또는 시설물을 사용할 수 없게 하는 봉인
③ 당해 영업소가 위법한 영업소임을 알리는 게시물 등의 부착
④ 당해 영업소 시설 등의 개선 명령

 영업자가 영업소 폐쇄 명령을 이행하지 않을 때 관계 공무원은 이를 대중에게 알리고, 영업할 수 없게 조치를 취한다.

25 이·미용업 영업자가 지켜야 할 사항으로 옳은 것은?

① 부작용이 없는 의약품을 사용하여 순수한 화장과 피부 미용을 하여야 한다.
② 이·미용 기구는 소독하여야 하며 소독하지 않은 기구와 함께 보관하는 때에는 반드시 소독한 기구라고 표시하여야 한다.
③ 1회용 면도날은 사용 후 정해진 소독 기준과 방법에 따라 소독하여 재사용하여야 한다.
④ 이·미용업 개설자의 면허증 원본을 영업소 안에 게시하여야 한다.

 의약품은 사용하지 않으며, 1회용 면도날은 재사용할 수 없다.

26 다음 ( ) 안에 알맞은 것은?

> 공중위생 영업자의 지위를 승계한 자는 ( ) 이내에 보건복지부령이 정하는 바에 따라 시장·군수 또는 구청장에게 신고하여야 한다.

① 7일 ② 15일
③ 1월 ④ 2월

 이용업 또는 미용업의 경우에는 제6조의 규정에 의한 면허를 소지한 자에 한하여 공중위생 영업자의 지위를 승계한 자는 1월 이내에 보건복지부령이 정하는 바에 따라 시장·군수 또는 구청장에게 신고해야 한다.

27 시장·군수·구청장이 영업 정지가 이용자에게 심한 불편을 주거나 그 밖에 공익을 해할 우려가 있는 경우에 영업 정지 처분에 갈음한 과징금을 부과할 수 있는 금액 기준은?(단, 예외의 경우는 제외한다.)

① 1천만 원 이하
② 2천만 원 이하
③ 1억 원 이하
④ 2억 원 이하

 시장·군수·구청장은 영업 정지가 이용자에게 심한 불편을 주거나 그 밖에 공익을 해할 우려가 있는 경우에는 영업 정지 처분을 대신해 1억 원 이하의 과징금을 부과할 수 있다.

28 영업 정지 명령을 받고도 그 기간 중에 계속하여 영업을 한 공중위생 영업자에 대한 벌칙 기준은?

① 6월 이하의 징역 또는 500만 원 이하의 벌금
② 1년 이하의 징역 또는 1천만 원 이하의 벌금
③ 2년 이하의 징역 또는 2천만 원 이하의 벌금
④ 3년 이하의 징역 또는 3천만 원 이하의 벌금

 1년 이하의 징역 또는 1천만 원 이하의 벌금 : 신고를 하지 아니한 자, 영업 정지 명령 또는 일부 시설의 사용 중지 명령을 받고도 그 기간 중에 영업을 하거나 그 시설을 사용한 자 또는 영업소 폐쇄 명령을 받고도 계속하여 영업을 한 자

29 여드름 관리에 효과적인 화장품 성분은?

① 유황(sulfur)
② 하이드로퀴논(hydroquinone)
③ 코직산(kojic acid)
④ 알부틴(arbutin)

> 유황은 살균 작용을 통해 노폐물을 제거하고 보습 효과를 주며 혈액 순환을 촉진시켜 여드름이나 아토피에 효과적이다.

30 비누에 대한 설명으로 틀린 것은?

① 비누의 세정 작용은 비누 수용액이 오염과 피부 사이에 침투하여 부착을 약화시켜 떨어지기 쉽게 하는 것이다.
② 거품이 풍성하고 잘 헹구어져야 한다.
③ pH가 중성인 비누는 세정 작용뿐만 아니라 살균·소독 효과가 뛰어나다.
④ 메디케이티드 비누는 소염제를 배합한 제품으로 여드름, 면도 상처 및 피부 거칠음 방지 효과가 있다.

> 피부 세정용으로 사용하는 비누는 소독 효과가 크지 않다.

31 자외선 차단 방법 중 자외선을 흡수시켜 소멸시키는 자외선 흡수제가 아닌 것은?

① 이산화티탄
② 신나메이트
③ 벤조페논
④ 살리실레이트

> 이산화티탄 : 광촉매 반응을 유도, 자외선 산란제

32 자외선 차단제에 관한 설명으로 틀린 것은?

① 자외선 차단제는 SPF(Sun Protect Factor)의 지수가 표기되어 있다.
② SPF(Sun Protect Factor)는 수치가 낮을수록 자외선 차단 지수가 높다.
③ 자외선 차단제의 효과는 피부의 멜라닌 양과 자외선에 대한 민감도에 따라 달라질 수 있다.
④ 자외선 차단 지수는 제품을 사용했을 때 홍반을 일으키는 자외선의 양을, 제품을 사용하지 않았을 때 홍반을 일으키는 자외선의 양으로 나눈 값이다.

> SPF(Sun Protect Factor)는 수치가 높을수록 자외선 차단 지수가 높다.

33 기초 화장품에 대한 내용으로 틀린 것은?

① 기초 화장품이란 피부의 기능을 정상적으로 발휘하도록 도와주는 역할을 한다.
② 기초 화장품의 가장 중요한 기능은 각질층을 충분히 보습시키는 것이다.
③ 마사지 크림은 기초 화장품에 해당하지 않는다.
④ 화장수의 기본 기능으로 각질층에 수분, 보습 성분을 공급하는 것이 있다.

> 기초 화장품 : 세안, 세정, 청결을 목적으로 하는 클렌징 제품 등과 피부를 보호하거나 정돈하는 화장수·팩·크림·에센스 등

34 미백 화장품의 기능으로 틀린 것은?

① 각질 세포의 탈락을 유도하여 멜라닌 색소 제거
② 티로시나아제를 활성하여 도파(DOPA) 산화 억제
③ 자외선 차단 성분이 자외선 흡수 방지
④ 멜라닌 합성과 확산을 억제

> 미백의 원리는 멜라닌을 생성하는 티로시나아제를 억제(불활성화)하는 것이다.

정답											
23 ①	24 ④	25 ④	26 ③	27 ③	28 ②	29 ①	30 ③	31 ①	32 ②
33 ③	34 ②								

35 캐리어 오일(Carrier oil)이 아닌 것은?

① 라벤더 에센셜 오일
② 호호바 오일
③ 아몬드 오일
④ 아보카도 오일

 라벤더 오일 = 아로마 오일

36 눈썹의 종류에 따른 메이크업의 이미지를 연결한 것으로 틀린 것은?

① 짙은 색상 눈썹 – 고전적인 레트로 메이크업
② 긴 눈썹 – 성숙한 가을 이미지 메이크업
③ 각진 눈썹 – 사랑스런 로맨틱 메이크업
④ 엷은 색상 눈썹 – 여성스러운 엘레강스 메이크업

 각진 눈썹 – 단정하고 세련된 이미지 메이크업

37 먼셀의 색상환표에서 가장 먼 거리를 두고 서로 마주보는 관계의 색채를 의미하는 것은?

① 한색
② 단색
③ 보색
④ 잔여색

 먼셀의 색상환표에서 대각선에 맞물려 있는 색을 '보색'이라 한다.

38 메이크업 도구에 대한 설명 중 가장 거리가 먼 것은?

① 스펀지 퍼프를 이용해 파운데이션을 바를 때에는 손에 힘을 빼고 사용하는 것이 좋다.
② 팬 브러시는 부채꼴 모양으로 생긴 브러시로 아이새도를 바를 때 넓은 면적을 한 번에 바를 수 있는 장점이 있다.
③ 아이래시컬러는 속눈썹에 자연스러운 컬을 주어 속눈썹을 올려주는 기구이다.
④ 스크루 브러시는 눈썹을 그리기 전에 눈썹을 정리해 주고 짙게 그려진 눈썹을 부드럽게 수정할 때 사용할 수 있다.

 팬 브러시는 과도하게 묻은 파우더나 떨어진 아이섀도 가루를 털어 낼 때 사용한다.

39 얼굴의 윤곽 수정과 관련한 설명으로 틀린 것은?

① 색의 명암 차이를 이용해 얼굴에 입체감을 부여하는 메이크업 방법이다.
② 하이라이트 표현은 1~2톤 밝은 파운데이션을 사용한다.
③ 섀딩 표현은 1~2톤 어두운 브라운색 파운데이션을 사용한다.
④ 하이라이트 부분은 돌출되어 보이도록 베이스 컬러와의 경계를 잘 만들어 준다.

 하이라이트나 섀딩 시 경계 부분을 자연스럽게 처리해야 한다.

40 메이크업 미용사의 자세로 가장 거리가 먼 것은?

① 고객의 연령, 직업, 얼굴 모양 등을 살펴 표현해 주는 것이 중요하다.
② 시대의 트렌드를 대변하고 전문인으로서의 자세를 취해야 한다.
③ 공중위생을 철저히 지켜야 한다.
④ 고객에게 메이크업 미용사의 개성을 적극 권유한다.

 메이크업 미용사는 고객의 개성에 맞게 메이크업한다.

41 긴 얼굴형의 화장법으로 옳은 것은?

① 턱에 하이라이트를 처리한다.
② T존에 하이라이트를 길게 넣어 준다.
③ 이마 양 옆에 섀딩을 넣어 얼굴 폭을 감소시킨다.
④ 블러셔는 눈 밑 방향으로 가로로 길게 처리한다.

 ①, ② – 둥근형, ③ – 역삼각형

42 메이크업 도구의 세척 방법이 바르게 연결된 것은?

① 립 브러시 – 브러시 클리너 또는 클렌징 크림으로 세척한다.
② 라텍스 스펀지 – 뜨거운 물로 세척, 햇빛에 건조한다.
③ 아이섀도 브러시 – 클렌징 크림이나 클렌징 오일로 세척한다.
④ 팬 브러시 – 브러시 클리너로 세척 후 세워서 건조한다.

② 라텍스는 미지근한 물로 세척, ③ 브러시 클리너로 세척, ④ 세척을 마친 뒤 눕혀서 건조한다.

43 색에 대한 설명으로 틀린 것은?

① 흰색, 회색, 검정 등 색감이 없는 계열의 색을 통틀어 무채색이라고 한다.
② 색의 순도는 색의 탁하고 선명한 강약의 정도를 나타내는 명도를 의미한다.
③ 인간이 분류할 수 있는 색의 수는 개인적인 차이는 존재하지만 대략 750만 가지 정도이다.
④ 색의 강약을 채도라고 하며 눈에 들어오는 빛이 단일 파장으로 이루어진 색일수록 채도가 높다.

명도 : 색의 밝고 어두움, 채도 : 색의 맑고 탁함

44 파운데이션의 종류와 그 기능에 대한 설명으로 가장 거리가 먼 것은?

① 크림 파운데이션은 보습력과 커버력이 우수하여 짙은 메이크업을 할 때나 건조한 피부에 적합하다.
② 리퀴드 타입은 부드럽고 쉽게 퍼지며 자연스러운 화장을 원할 때 적합하다.
③ 트윈케이크 타입은 커버력이 우수하고 땀과 물에 강하여 지속력을 요하는 메이크업에 적합하다.
④ 고형 스틱 타입의 파운데이션은 커버력은 약하지만 사용이 간편해서 스피드한 메이크업에 적합하다.

고형 파운데이션은 커버력이 우수하고, 스펀지나 퍼프로 잘 펴 발라야 한다.

45 아이브로 화장 시 우아하고 성숙한 느낌과 세련미를 표현하고자 할 때 가장 잘 어울릴 수 있는 것은?

① 회색 아이브로 펜슬
② 검정색 아이섀도
③ 갈색 아이브로 섀도
④ 에보니 펜슬

브라운 색상은 우아한 이미지를 준다.

46 얼굴의 골격 중 얼굴형을 결정짓는 가장 중요한 요소가 되는 것은?

① 위턱뼈(상악골)
② 아래턱뼈(하악골)
③ 코뼈(비골)
④ 관자뼈(측두골)

하악골은 턱 선과 얼굴형에 영향을 준다.

47 여름 메이크업에 대한 설명으로 가장 거리가 먼 것은?

① 시원하고 상쾌한 느낌이 들도록 표현한다.
② 난색 계열을 사용해 따뜻한 느낌을 표현한다.
③ 구릿빛 피부 표현을 위해 오렌지색 메이크업 베이스를 사용한다.
④ 방수 효과를 지닌 제품을 사용하는 것이 좋다.

여름엔 시원하고 청량한 느낌의 메이크업을 한다.

정답	35 ①	36 ③	37 ③	38 ②	39 ④	40 ④	41 ④	42 ①	43 ②	44 ④
	45 ③	46 ②	47 ②							

48 미국의 색채학자 파버 비렌이 탈색계를 '톤(Tone)'이라고 부르고 있었던 것에서 유래한 배색 기법은?

① 까마이외(Camaleu) 배색
② 토널(Tonal) 배색
③ 트리콜로레(Tricolore) 배색
④ 톤 온 톤(Tone on tone) 배색

 토널(Tonal) 배색 : 톤 온 톤(Tone on tone), 톤 인 톤(Tone in tone), 인조 카메오 등의 톤을 중심으로 한 배색법을 총칭한다.

49 얼굴형과 그에 따른 이미지의 연결이 가장 적절한 것은?

① 둥근형 – 성숙한 이미지
② 긴 형 – 귀여운 이미지
③ 사각형 – 여성스러운 이미지
④ 역삼각형 – 날카로운 이미지

 둥근형 – 귀여운 이미지, 긴 형 – 성숙한 이미지, 사각형 – 활동적인 이미지

50 한복 메이크업 시 유의하여야 할 내용으로 옳은 것은?

① 눈썹을 아치형을 그려 우아해 보이도록 표현한다.
② 피부는 한 톤 어둡게 표현하며 자연스러운 피부 톤을 연출하도록 한다.
③ 한복의 화려한 색상과 어울리는 강한 색조를 사용하여 조화롭게 보이도록 한다.
④ 입술의 구각을 정확히 맞추어 그리는 것보다는 아웃커브로 그려 여유롭게 표현하는 것이 좋다.

한복 메이크업은 우아하고 깔끔, 단정하게 연출한다.

51 아이섀도의 종류와 그 특징을 연결한 것으로 가장 거리가 먼 것은?

① 펜슬 타입 : 발색이 우수하고 사용하기 편리하다.
② 파우더 타입 : 펄이 섞인 제품이 많으며 하이라이트 표현이 용이하다.
③ 크림 타입 : 유분기가 많고 촉촉하며 발색도가 선명하다.
④ 케이크 타입 : 그라데이션이 어렵고 색상이 뭉칠 우려가 있다.

 케이크 타입 아이섀도 : 가장 흔하고 대중적이며, 사용하기 편리하고 색상이 다양하다.

52 메이크업의 정의와 가장 거리가 먼 것은?

① 화장품과 도구를 사용한 아름다움의 표현 방법이다.
② "분장"의 의미를 가지고 있다.
③ 색상으로 외형적인 아름다움을 나타낸다.
④ 의료기기나 의약품을 사용한 눈썹 손질을 포함한다.

 의료기기나 의약품을 사용한 눈썹 손질을 포함하지 않는다.

53 다음에서 설명하는 메이크업이 가장 잘 어울리는 계절은?

> 강렬하고 이지적인 이미지가 느껴지도록 심플하고 단아한 스타일이나 콘트라스트가 강한 색상과 밝은 색상을 사용하는 것이 좋다.

① 봄
② 여름
③ 가을
④ 겨울

 겨울 메이크업은 아이라이너와 립 컬러에 강렬한 콘트라스트를 주는 것이 특징이다.

54 봄 메이크업의 컬러 조합으로 가장 적합한 것은?

① 흰색, 파랑, 핑크 계열
② 겨자색, 벽돌색, 갈색 계열
③ 옐로, 오렌지, 그린 계열
④ 자주색, 핑크, 진보라 계열

> 봄은 싱그러운 이미지의 컬러감으로 표현한다.

55 아이브로 메이크업의 효과와 가장 거리가 먼 것은?

① 인상을 자유롭게 표현할 수 있다.
② 얼굴의 표정을 변화시킨다.
③ 얼굴형을 보완할 수 있다.
④ 얼굴에 입체감을 부여해 준다.

> 눈썹 화장을 통해 얼굴형이나 눈매를 보완하고, 전체적인 인상이나 이미지를 연출할 수 있다.

56 다음 중 컬러 파우더의 색상 선택과 활용법의 연결이 가장 거리가 먼 것은?

① 퍼플 : 노란 피부를 중화시켜 화사한 피부 표현에 적합하다.
② 핑크 : 볼에 붉은 기가 있는 경우 더욱 잘 어울린다.
③ 그린 : 붉은 기를 줄여 준다.
④ 브라운 : 자연스러운 섀딩 효과가 있다.

> 핑크 파우더는 창백한 피부에 혈색을 준다.

57 기미, 주근깨 등의 피부 결점이나 눈 밑 그늘에 발라 커버하는 데 사용하는 제품은?

① 스틱 파운데이션(Stick foundation)
② 투웨이 케이크(Two way cake)
③ 스킨 커버(Skin cover)
④ 컨실러(Concealer)

> 피부 화장의 마지막 단계에서 컨실러로 피부 잡티를 꼼꼼하게 커버한다.

58 메이크업 미용사의 직업과 관련한 내용으로 가장 거리가 먼 것은?

① 모든 도구와 제품은 청결히 준비하도록 한다.
② 마스카라나 아이라인 작업 시 입으로 불어 신속히 마르게 도와준다.
③ 고객의 신체에 힘을 주거나 누르지 않도록 주의한다.
④ 고객의 옷에 화장품이 묻지 않도록 가운을 입혀 준다.

> 메이크업 시연 시는 마스크를 사용하는 것이 좋으며, 고객에게 불쾌한 행동은 하지 않는다.

59 메이크업 색과 조명에 관한 설명으로 틀린 것은?

① 메이크업의 완성도를 높이는 데는 자연 광선이 가장 이상적이다.
② 조명에 의해 색이 달라지는 현상은 저채도색보다는 고채도색에서 잘 일어난다.
③ 백열등은 장파장 계열로 사물의 붉은 색을 증가시키는 효과가 있다.
④ 형광등은 보라색과 녹색의 파장 부분이 강해 사물을 시원하게 보이는 효과가 있다.

> 채도가 높은 색은 조명에 의해 색이 달라지는 현상이 덜하다.

60 눈썹을 빗어 주거나 마스카라 후 뭉친 속눈썹을 정돈할 때 사용하면 편리한 브러시는?

① 팬 브러시
② 스크루 브러시
③ 노즈 섀도 브러시
④ 아이라이너 브러시

> 나사 모양의 스크루 브러시는 눈썹 정리용으로 사용한다.

정답	48 ②	49 ④	50 ①	51 ④	52 ④	53 ④	54 ③	55 ④	56 ②	57 ④
	58 ②	59 ②	60 ②							

03 | 적중 모의고사

1회 모의고사

01 메이크업의 기원이 아닌 것은?
① 위장설　　② 신분표시설
③ 본능설　　④ 종교설

02 메이크업의 기본적인 욕구 요인이 아닌 것은?
① 종족 보존의 욕구
② 보다 나은 방향으로 변신하고자 하는 욕망
③ 불안으로부터 탈피하고자 하는 욕구
④ 에로스적인 것에 대한 욕구

03 '단군 신화'에 나오는 쑥과 마늘의 특징으로 옳지 않은 것은?
① 잡티 제거에 효과가 있다.
② 미백에 효과가 있다.
③ 기미, 주근깨 등에 효과가 있다.
④ 여드름 치료에 효과가 있다.

04 파운데이션, 크림 등의 메이크업 제품을 용기로부터 덜어 낼 때 사용하는 도구는?
① 팬 브러시　　② 스파출라
③ 팁 브러시　　④ 컨실러

05 위생적인 면을 고려하여 한 번 사용 후 바로 세척해야 하는 도구로 볼 수 없는 것은?
① 파운데이션 브러시
② 라텍스 스펀지
③ 스파출라
④ 치크 브러시

06 오리엔탈 메이크업을 하고자 할 때 가장 잘 어울리는 아이섀도와 립스틱 컬러로 짝지어진 것은?
① 오렌지 브라운 – 다크 브라운
② 옐로 골드 – 레드
③ 파스텔 핑크 – 레드
④ 실버 그레이 – 화이트 핑크

07 패션쇼 메이크업 아티스트로서 바람직한 자세라고 보기 어려운 것은?
① 모델의 얼굴이 예뻐 보일 수 있도록 모델이 원하는 대로 메이크업을 한다.
② 전체 팀원의 조화로운 팀워크를 위해 협조하고 양보한다.
③ 유행하는 패션 메이크업을 파악하려고 노력한다.
④ 패션에 대한 폭넓은 지식을 습득한다.

08 속눈썹의 구성 요소로 옳지 않은 것은?
① 핀셋을 이용해 케이스에 붙어 있는 속눈썹을 떼어 낸다.
② 반대 방향으로 휘어서 속눈썹의 부착 부분인 띠 부분을 부드럽게 한다.
③ 눈 꼬리부터 5mm 떨어져서 속눈썹 가까이 붙인다.
④ 눈꼬리 부분은 아이라인 형태에 맞춰 붙인다.

09 다음의 수정 메이크업에 가장 적합한 얼굴형은?

> • 하이라이트 : 코가 길어 보이도록 이마에서 코끝까지 길게 그려 준다.
> • 섀도 : 갸름해 보이도록 얼굴의 외곽 부분에 전체적으로 넣어 준다.

① 긴 형　　② 역삼각형
③ 둥근형　　④ 마름모꼴형

10 색에 대한 설명으로 바르지 않은 것은?

① 흰색, 회색, 검정과 같은 색을 무채색이라고 한다.
② 빨강, 노랑, 초록, 파랑을 유채색이라고 한다.
③ 색의 순도를 명도라고 한다.
④ 색의 밝기를 명도라고 한다.

11 마스카라가 뭉치거나 번졌을 때 사용할 수 있는 도구가 아닌 것은?

① 스크루 브러시　　② 팬 브러시
③ 아이브로 콤브러시　　④ 면봉

12 브러시에 대한 설명으로 바르지 않은 것은?

① 치크 브러시 : 볼 화장이나 윤곽 수정을 할 때 사용한다.
② 앵글 브러시 : 메이크업의 잔여물을 털어 낼 때 사용한다.
③ 스크루 브러시 : 마스카라가 뭉쳤을 때 속눈썹의 결을 살려 펴 주는 데 사용한다.
④ 팁 브러시 : 눈 화장에서 포인트를 줄 때 사용한다.

13 스파출라에 대한 설명으로 바르지 않은 것은?

① 디자인이 심플하여 휴대하기가 용이하다.
② 파운데이션이나 크림 제품을 용기에서 덜어 낼 때 사용한다.
③ 컬러 테스트를 동시에 할 수 있다.
④ 소재가 나무로 되어 있는 것이 사용하기에 용이하다.

14 메이크업 아티스트의 직무로 가장 적절한 것은?

① 고객의 단점을 완벽하게 커버한다.
② 다른 사람이 못 알아보도록 분장한다.
③ 장점을 부각시켜 보다 나은 이미지를 연출한다.
④ 메이크업 시술 전후가 확실히 다르게 한다.

15 각진 얼굴형의 수정 메이크업으로 바르지 않은 것은?

① 전체적으로 둥글고 부드러운 느낌이 들도록 한다.
② 이마 양옆과 각진 턱 부분에 섀도를 넣는다.
③ 얼굴 외곽을 섀도 처리해 준다.
④ 이마는 세로로 길게 콧등은 아주 짧게 하이라이트를 넣어 준다.

16 혈색 없는 창백한 피부를 생기 있게 보완해 주는 메이크업 베이스의 색상은?

① 그린색
② 연한 핑크색
③ 보라색
④ 흰색

17 파운데이션의 커버력이 뛰어난 순서대로 나열한 것은?

| 가. 스틱 타입 | 나. 리퀴드 타입 |
| 다. 크림 타입 | 라. 케이크 타입 |

① 라 > 가 > 다 > 나
② 라 > 가 > 나 > 다
③ 가 > 라 > 다 > 나
④ 가 > 라 > 나 > 다

18 웨딩 메이크업에 대한 설명으로 바르지 않은 것은?

① 예식 장소, 시간 등을 고려하여 메이크업한다.
② 화사하게 표현하여 혈색이 느껴지는 피부 톤으로 우아함을 연출한다.
③ 신랑과 신부의 조화된 분위기를 연출한다.
④ 신부 메이크업은 화려할수록 좋다.

19 신부 메이크업에 적당하지 않은 컬러는?

① 핑크　　② 오렌지
③ 그레이　　④ 와인

20 미디어 메이크업 시 피부 표현에 적합하지 않은 것은?
① 자연스러운 표현을 위하여 인조 속눈썹은 붙이지 않는다.
② 약간 어두운 베이지 계열의 파운데이션으로 음영 표현을 하고 컨실러를 사용하여 확실히 잡티를 커버한다.
③ 장시간 동안 촬영하기 때문에 스틱 파운데이션이나 케이크 타입의 파운데이션을 사용한다.
④ 유분기가 없도록 투명 파우더로 매트하게 표현한다.

21 화장품 광고 사진 촬영 시 사전에 준비해야 할 사항이 아닌 것은?
① 모델, 촬영 장소, 광고의 목적
② 제품에 대한 사전 조사
③ 모델의 성격 파악
④ 전체 이미지 파악

22 무대 메이크업 준비 시 인물 분석에 대한 설명이 아닌 것은?
① 실존 인물인 경우 초상화를 참고하여 메이크업하기도 한다.
② 스태프 미팅 시 메이크업이 최우선이 되도록 주장한다.
③ 원작이 있는 대본은 원작과 대본을 비교해서 등장인물의 메이크업을 구성하여 원작 인물과 일치시킨다.
④ 먼저 선정된 원작을 읽고 작품의 시대적 고증 자료를 조사한 후 등장인물에 대한 분석과 메이크업 디자인을 한다.

23 여드름 피부의 관리 방법으로 바른 것은?
① 화장품 사용 시 유분이 적은 제품은 피한다.
② 곪은 여드름이 생겼을 때는 짜도 무방하다.
③ 모공 속 각질과 노폐물 제거를 위해 각질 제거를 주 4회 이상 한다.
④ 요오드가 들어간 음식의 경우 모공을 자극하여 여드름을 악화시키므로 피한다.

24 생명 유지에 필요한 3대 영양소가 아닌 것은?
① 비타민
② 단백질
③ 탄수화물
④ 지방

25 중성 피부에 대한 피부 유형 분석으로 바르지 않은 것은?
① 피지 분비량이 적당하여 번들거리지 않고 윤기가 있다.
② 모공이 너무 작아 눈에 띠지 않으며 피부결이 섬세하고 항상 긴장되어 있다.
③ 수분의 양이 적당하여 당김 현상이 없다.
④ 세균에 대한 저항력이 있다.

26 공중 보건 사업의 대상으로 가장 적절한 것은?
① 성인병 환자
② 입원 환자
③ 암 투병 환자
④ 지역 사회 주민

27 미생물의 성장과 사멸에 주로 영향을 미치는 요소로 가장 거리가 먼 것은?
① 영양
② 빛
③ 온도
④ 호르몬

28 음용수의 일반적인 오염 지표로 사용되는 것은?
① 탁도
② 일반 세균 수
③ 대장균 수
④ 경도

29 3% 소독액 1,000mL를 만드는 방법으로 옳은 것은? (단, 소독액 원액의 농도는 100%이다.)
① 원액 300mL에 물 700mL를 가한다.
② 원액 30mL에 물 970mL를 가한다.
③ 원액 3mL에 물 997mL를 가한다.
④ 원액 3mL에 물 1,000mL를 가한다.

30 원발진에 속하는 질환이 아닌 것은?
① 반점   ② 찰상
③ 농포   ④ 낭종

31 적외선의 효과로 알맞지 않은 것은?
① 통증 완화 및 진정 효과
② 근육 조직의 이완과 수축을 원활하게 함
③ 혈액 순환 및 신진대사 촉진
④ 색소 침착

32 태어날 때부터 가지고 있는 저항력으로, 병을 치유해 나가는 면역으로 알맞은 것은?
① 획득 면역   ② 자연 면역
③ 능동 면역   ④ 수동 면역

33 광 노화가 진행될 때 감소하는 것은?
① 랑게르한스 세포   ② 표피
③ 주름   ④ 각질 세포

34 파리가 옮기지 않는 병은?
① 장티푸스   ② 이질
③ 콜레라   ④ 유행성 출혈열

35 산업 피로의 대책으로 가장 거리가 먼 것은?
① 작업 과정 중 적절한 휴식 시간을 배분한다.
② 에너지 소모를 효율적으로 한다.
③ 개인차를 고려하여 작업량을 할당한다.
④ 휴직과 부서 이동을 권고한다.

36 자비 소독 시 살균력을 강하게 하고 금속 기자재가 녹스는 것을 방지하기 위하여 첨가하는 물질이 아닌 것은?
① 2% 중조   ② 2% 크레졸 비누액
③ 5% 석탄산   ④ 5% 승홍수

37 합병증으로 고환염, 뇌수막염 등이 초래되어 불임이 될 수도 있는 질환은?
① 풍진   ② 뇌염
③ 홍역   ④ 유행성 이하선염

38 병원성 미생물이 일반적으로 증식이 가장 잘되는 pH의 범위는?
① 3.5~4.5   ② 4.5~5.5
③ 5.5~6.5   ④ 6.5~7.5

39 산소가 있어야만 잘 성장할 수 있는 균은?
① 호기성균   ② 혐기성균
③ 통기혐기성균   ④ 호혐기성균

40 소독제의 살균력을 비교할 때 기준이 되는 소독약은?
① 요오드   ② 승홍
③ 석탄산   ④ 알코올

41 실험 기기, 의료 용기, 오물 등의 소독에 사용되는 석탄산수의 적절한 농도는?
① 석탄산 0.1% 수용액
② 석탄산 1% 수용액
③ 석탄산 3% 수용액
④ 석탄산 50% 수용액

42 일광 소독은 주로 무엇을 이용한 것인가?
① 열선   ② 적외선
③ 가시광선   ④ 자외선

43 실내에 다수인이 밀집한 상태에서 실내 공기의 변화는?

① 기온 상승 – 습도 증가 – 이산화탄소 감소
② 기온 하강 – 습도 증가 – 이산화탄소 감소
③ 기온 상승 – 습도 증가 – 이산화탄소 증가
④ 기온 상승 – 습도 감소 – 이산화탄소 증가

44 위생 관리 등급 공표 사항으로 틀린 것은?

① 시장, 군수, 구청장은 위생 서비스 평가 결과에 따른 위생 관리 등급을 공중위생 영업자에게 통보하고 공표한다.
② 공중위생 영업자는 통보받은 위생 관리 등급의 표지를 영업소 출입구에 부착할 수 있다.
③ 시장, 군수, 구청장은 위생 서비스 결과에 따른 위생 관리 등급 우수 업소에는 위생 감시를 면제할 수 있다.
④ 시장, 군수, 구청장은 위생 서비스 평가의 결과에 따른 위생 관리 등급별로 영업소에 대한 위생 감시를 실시하여야 한다.

45 공중위생 관리법상 위생 교육을 받지 아니한 때 부과되는 과태료의 기준은?

① 30만 원 이하 ② 50만 원 이하
③ 100만 원 이하 ④ 200만 원 이하

46 행정처분사항 중 1차 처분이 경고에 해당하는 것은?

① 귓볼 뚫기 시술을 한 때
② 시설 및 설비기준을 위반한 때
③ 신고를 하지 아니하고 영업소 소재를 변경한 때
④ 1회용 면도날을 2인 이상의 손님에게 사용한 때

47 공중위생 영업소의 위생서비스 수준 평가는 몇 년마다 실시하는가?(단, 특별한 경우는 제외함)

① 1년 ② 2년
③ 3년 ④ 5년

48 영업 신고를 하지 아니하고 영업소의 소재지를 변경한 때 3차 위반 행정처분은?

① 경고 ② 면허 정지
③ 면허 취소 ④ 영업장 폐쇄 명령

49 이·미용업에 있어 청문을 실시하여야 하는 경우가 아닌 것은?

① 면허 취소 처분을 하고자 하는 경우
② 면허 정지 처분을 하고자 하는 경우
③ 일부 시설의 사용 중지 처분을 하고자 하는 경우
④ 위생 교육을 받지 아니하여 1차 위반한 경우

50 위생 교육에 대한 내용 중 틀린 것은?

① 위생 교육을 받은 자가 위생 교육을 받은 날부터 1년 이내에 위생 교육을 받은 업종과 같은 업종의 변경을 하려는 경우에는 해당 영업에 대한 위생 교육을 받은 것으로 본다.
② 위생 교육의 내용은 공중위생 관리법 및 관련 법규, 소양 교육, 기술 교육, 그 밖에 공중위생에 관하여 필요한 내용으로 한다.
③ 위생 교육을 실시하는 단체는 보건복지부 장관이 고시한다.
④ 위생 교육 실시 단체는 교육 교재를 편찬하여 교육 대상자에게 제공하여야 한다.

51 오늘날 화장품의 목적과 거리가 먼 것은?

① 신체를 청결, 미화하기 위해
② 자외선이나 건조 등으로 피부를 보호하기 위해
③ 종교적인 면을 위해서
④ 노화의 방지와 격식을 갖추기 위해서

52 기초 화장품이 아닌 것은?

① 로션과 스킨 ② 콤팩트
③ 팩 ④ 클렌징 폼

53 화장품의 품질 특성 중 잘못 짝지어진 것은?

① 안전성 : 파손, 경구 독성이 없을 것
② 안정성 : 피부 자극성, 이물 혼입, 변취가 없을 것
③ 사용성 : 사용감, 편리성, 기호성이 있을 것
④ 유용성 : 보습 효과, 자외선 방어 효과, 세정 효과, 색채 효과 등의 기능이 우수할 것

54 화장품 원료 사용 시 고려해야 할 조건이 아닌 것은?

① 품질이 일정해야 한다.
② 사용 목적에 따른 기능이 우수해야 한다.
③ 원료에서 향기로운 냄새가 나야 한다.
④ 안전성이 우수해야 한다.

55 아로마테라피에 대한 설명으로 바르지 않은 것은?

① 방향 요법이다.
② 육체의 질병만 다스린다.
③ 향기로 치료한다.
④ 100% 정제된 오일을 사용한 테라피이다.

56 에센스에 대한 설명 중 바르지 않은 것은?

① 에센스는 노화 방지에만 도움을 준다.
② 유럽에서는 세럼이라고도 한다.
③ 에센스는 고농축된 미용 성분이 많이 함유되어 있다.
④ 에센스는 피부에 보습과 영양 공급을 한다.

57 자외선 차단제에서 화학적 차단제가 아닌 것은?

① 이산화티탄　　② 옥시벤존
③ 신나메이트　　④ 옥틸디메틸

58 네일 화장품에 대한 설명으로 틀린 것은?

① 폴리시는 손톱에 바르는 컬러 화장품이다.
② 네일 로션은 손과 발의 마사지 화장품이다.
③ 안티셉틱은 발 소독 화장품이다.
④ 탑 코트는 폴리시를 바르고 난 후 사용하며 색상과 광택을 한다.

59 크림에 대한 설명 중 옳은 것은?

① 크림은 유동성을 갖는 에멀션 형태의 제품이다.
② 크림은 천연 보호막을 만들어 주는 역할을 한다.
③ 마사지 크림의 기능은 피부 정화이다.
④ W/O형 크림은 O/W형 크림에 비해 시원함과 촉촉함을 더 느낀다.

60 다음 중 향수의 구비 조건으로 바르게 설명된 것은?

① 지속력은 크게 상관없다.
② 시대성이 중요한 구비 조건 중 하나이다.
③ 향이 강해야 한다.
④ 향의 조화가 잘 이루어질 필요는 없다.

모의고사 1회 정답

01	③	02	④	03	④	04	②	05	③	06	③	07	①	08	③	09	③	10	③
11	②	12	②	13	④	14	③	15	④	16	②	17	①	18	④	19	③	20	①
21	③	22	②	23	④	24	①	25	②	26	④	27	④	28	③	29	②	30	②
31	④	32	②	33	①	34	④	35	④	36	④	37	②	38	④	39	①	40	③
41	③	42	④	43	③	44	③	45	④	46	④	47	②	48	④	49	④	50	①
51	③	52	②	53	②	54	③	55	②	56	①	57	①	58	③	59	②	60	②

03 | 적중 모의고사
2회 모의고사

01 메이크업의 기본 개념으로 아름다운 부분을 돋보이고자 하는 욕망으로부터 유래한 설로 옳은 것은?

① 보호설
② 종교설
③ 신분 표시설
④ 장식설

02 속눈썹 연장 시 필요한 재료로 옳지 않은 것은?

① 글루
② 핀셋
③ 송풍기
④ 속눈썹 롯드

03 고대 이집트 시대의 메이크업 특징이 아닌 것은?

① 볼이나 입술을 빨갛게 하였다.
② 건강한 운동과 신체를 중요시하였다.
③ 정맥에 푸른 기를 띠게 하였다.
④ 아이 메이크업을 중요시하였다.

04 메이크업 숍의 안전한 관리를 위해 필요한 수칙으로 바른 것은?

① 편안하고 아늑한 분위기를 위해 간접 조명만 설치한다.
② 정기적인 점검과 일지 작성을 통해 안전과 위생을 최우선으로 관리한다.
③ 화재 배상 책임 보험의 가입은 업주의 선택 사항이다.
④ 럭셔리한 시설이 중요하다.

05 패션쇼 현장에서 많이 사용하는 메이크업으로, 파우더 사용을 절제해 촉촉하고 윤기 있는 피부 표현을 강조하는 메이크업은?

① 사이버 메이크업
② 돌리 메이크업
③ 글로시 메이크업
④ 에스닉 메이크업

06 겨울 상품을 선보이는 패션쇼 모델의 메이크업으로 어울리지 않는 것은?

① 어둡게 표현하여 젊고 건강한 구릿빛 피부를 나타낸다.
② 보라색과 은색을 가미한 아이섀도를 사용한다.
③ 회색과 검은색으로 포인트를 준 아이 홀 메이크업을 사용한다.
④ 선보이는 상품과 같은 소재의 털과 진주를 장식한다.

07 메이크업 시 올바른 자세가 아닌 것은?

① 분첩으로 모델의 코와 입을 막지 않도록 주의한다.
② 파우더를 바를 때 모델의 머리가 움직이지 않도록 살짝 고정시켜 준다.
③ 모델의 무릎 사이에 메이크업 아티스트의 다리를 넣고 앉아 시술한다.
④ 새끼손가락에 분첩을 끼워 피부와 접촉을 피하고 가급적 브러시를 사용한다.

08 이상적인 얼굴의 균형 비율에 대한 설명으로 바르지 않은 것은?

① 귀 : 코의 위치와 수평 연장선상에 있다.
② 턱 : 이마의 수직 연장선상에 있으며, 턱의 크기는 눈 사이의 간격과 동일하다.
③ 눈 : 이마 시작 부분부터 입 꼬리까지의 길이를 2등분한 위치에 있으며, 눈의 세로 길이는 가로 길이의 1/3이다.
④ 얼굴의 너비 : 얼굴 전체를 3등분하면 이마 시작 부분부터 눈썹까지, 눈썹에서 코끝까지, 코끝에서 턱까지의 간격이 동일하다.

09 녹색(초록)이 주는 이미지가 아닌 것은?

① 희망, 자유   ② 상상, 흥분
③ 자유, 휴식   ④ 평화, 안정

10 가산 혼합에 대한 설명으로 바르지 않은 것은?

① 빛의 혼합 삼원색은 빨강, 녹색, 파랑이다.
② 혼합할수록 색이 점점 탁해진다.
③ 빛의 혼합이라고도 한다.
④ 혼합할수록 밝아지고, 모두 합치면 백색이 된다.

11 메이크업 시 고려해야 할 사항이 아닌 것은?

① T.P.O.에 맞추어 메이크업을 한다.
② 색조 화장은 의상의 색을 고려해 선택한다.
③ 기본인 베이스 메이크업에 중점을 둔다.
④ 최신 트렌드만을 반영해 메이크업을 한다.

12 1차색의 혼합색이 아닌 것은?

① 빨강 + 파랑 = 보라
② 빨강 + 노랑 = 주황
③ 녹색 + 파랑 = 청록
④ 노랑 + 파랑 = 녹색

13 둥근 얼굴형에 대한 수정 메이크업으로 바른 것은?

① 남성적인 이미지의 얼굴형이라고 볼 수 있다.
② 섀도는 이마에서 코까지 길게 넣어 주는 것이 좋다.
③ 눈썹은 어려 보이게 일자형으로 그려 주는 것이 좋다.
④ 입술은 폭이 좁고 도톰하게 그려 주는 것이 좋다.

14 수정 메이크업 중 섀딩에 관한 설명으로 바르지 않은 것은?

① 입체감 있는 얼굴의 연출이 가능하다.
② 베이스보다 1~2톤 어두운 색을 사용한다.
③ 눈가, 콧등, 이마, 미간 등의 부위에 넣어 준다.
④ 축소 효과를 주기 위해 넣어 준다.

15 번진 입술 화장을 수정하기에 적합한 도구는?

① 스파출라   ② 우드 스틱
③ 스크루 브러시   ④ 면봉

16 치크 메이크업을 하는 방법이 바르지 않은 것은?

① 넓게 바를 때는 중심에서 바깥쪽을 향해 바른다.
② 손 등에서 미리 색상을 조절하여 가볍게 바른다.
③ 좁게 바를 때는 브러시를 상하로 움직이며 바른다.
④ 한 번에 많은 양을 묻혀서 바른다.

17 신부 메이크업에 대한 설명 중 바르지 않은 것은?

① 신부의 피부 톤에 맞는 파운데이션으로 화사한 피부로 표현한다.
② 얼굴 라인과 목의 경계 부분을 자연스럽게 연결시킨다.
③ 신부의 눈의 형태와 분위기에 맞추어 섀도 컬러를 정한다.
④ 입술은 아웃커브로 성숙함을 강조한다.

18 우아한 이미지의 신부에게 어울리는 아이섀도 색상이 아닌 것은?
① 핑크　　② 은색 펄
③ 오렌지　　④ 퍼플

19 피지 분비량이 많은 피부에 적당한 피부 표현 방법은?
① 스틱형 파운데이션을 사용한다.
② 메이크업 베이스와 선크림을 듬뿍 바른 후 케이크 파운데이션으로 마무리한다.
③ 수분은 많고 유분기는 적게 함유된 리퀴드 파운데이션으로 표현한다.
④ 투웨이 케이크로 완벽히 커버한다.

20 미디어 메이크업으로 짝지어져 있는 것은?
① CF 메이크업, 3D 메이크업
② 뮤지컬 메이크업, 스포츠 메이크업
③ 스트레이트 메이크업, 스테이지 메이크업
④ CF 메이크업, 스포츠 메이크업

21 무대 메이크업 시 고려해야 할 조건이 아닌 것은?
① TV 조명과 영상의 기술적 특성을 고려해야 한다.
② 컬러의 채색과 수상기의 재생 특성을 파악하고 있어야 한다.
③ 공연을 관람하러 온 관객의 수를 정확히 파악하고 있어야 한다.
④ 장치나 대소도구, 의상, 조명 등의 영향으로 생기는 재현색을 고려하여 색채 선택을 한다.

22 오래된 칼자국 흉터를 표현하는 설명으로 바른 것은?
① 콜로디온으로 베인 자국을 표현한다.
② 실러로 베인 자국을 표현한다.
③ 젤 스킨을 덧발라서 표현한다.
④ 왁스나 플라스트로 베인 자국을 표현한다.

23 아트 메이크업에 대한 설명으로 바르지 않은 것은?
① 아티스트의 개성과 표현 방법에 있어 자유롭다.
② 아티스트는 작품성과 예술성을 중요시한다.
③ 독창적인 예술의 형태와 다양한 소재 표현으로 신체를 장식하는 것이다.
④ 기원은 20세기부터이다.

24 에어브러시에 관한 내용 중 바르지 않은 것은?
① 스프레이 브러시, 호스, 컴프레서, 노즐로 구성되어 있다.
② 붓으로 직접 그리는 것보다 그라데이션이 용이하지 않다.
③ 부드럽고 섬세하고 투명한 색조 표현이 용이하다.
④ 분사 점묘 방식의 원리이다.

25 조명의 파장으로 인하여 얼굴이 퍼져 보일 수 있어 얼굴의 윤곽을 최대한 돋보이게 해야 하는 메이크업은?
① 트렌드 메이크업　　② 영화 메이크업
③ 사진 메이크업　　④ 에스닉 메이크업

26 피부의 한선(땀샘) 중 대한선이 분포된 부위는?
① 얼굴과 손발
② 배와 등
③ 겨드랑이와 유두 주변
④ 팔과 다리

27 다음에서 설명하는 피부 유형은?

- 일반 피부에 비해 면역 기능이 약하고 외부의 자극에 영향을 많이 받는다.
- 조기 노화, 피부염, 기후 조건에 의해 가렵고 붉은 반점이 나타난다.

① 복합성 피부　　② 민감성 피부
③ 건성 피부　　④ 정상 피부

28 표피의 구조에 속하지 않는 것은?
① 기저층　　② 유극층
③ 유두층　　④ 투명층

29 탄수화물, 단백질, 지방을 총괄적으로 지칭하는 것은?
① 조절 영양소　　② 열량 영양소
③ 생리 영양소　　④ 구성 영양소

30 건조가 심해져 피부가 거칠어지고 자외선에 노출 시 나타나는 피부의 조직학적 변화로 알맞은 것은?
① 일광 화상　　② 광과민 반응
③ 광 노화　　④ 색소 침착

31 예방 접종(Vaccine)으로 획득되는 면역의 종류는?
① 인공 능동 면역　　② 인공 수동 면역
③ 자연 능동 면역　　④ 자연 수동 면역

32 피부 발진 중 일시적인 증상으로 가려움증을 동반하여 불규칙적인 모양을 한 피부 현상은?
① 농포　　② 팽진
③ 구진　　④ 결절

33 한 국가나 지역사회 간의 보건 수준을 비교하는 데 사용되는 대표적인 3대 지표는?
① 영아 사망률, 비례사망지수, 평균 수명
② 영아 사망률, 사인별 사망률, 평균 수명
③ 유아 사망률, 모성 사망률, 비례사망지수
④ 유아 사망률, 사인별 사망률, 영아 사망률

34 파리에 의해 주로 전파될 수 있는 감염병은?
① 페스트　　② 장티푸스
③ 사상충증　　④ 황열

35 질병 발생의 역학적 삼각형 모형에 속하는 요인이 아닌 것은?
① 병인적 요인　　② 숙주적 요인
③ 감염적 요인　　④ 환경적 요인

36 다음 중 승홍수 사용에 적당하지 않은 것은?
① 사기 그릇　　② 금속류
③ 유리　　④ 에나멜 그릇

37 다음 중 특별한 장치를 설치하지 아니한 일반적인 경우에 실내의 자연적인 환기에 가장 큰 비중을 차지하는 요소는?
① 실내외 공기 중 CO_2의 함량의 차이
② 실내외 공기의 습도 차이
③ 실내외 공기의 기온 차이 및 기류
④ 실내외 공기의 불쾌지수 차이

38 법정 감염병 중 제1급 감염병에 속하는 것은?
① 페스트　　② 결핵
③ 일본뇌염　　④ 콜레라

39 일반적으로 이·미용 업소의 쾌적한 실내 습도 범위로 가장 알맞은 것은?
① 10~20%　　② 20~40%
③ 40~70%　　④ 70~90%

40 소독약에 대한 설명 중 적합하지 않은 것은?
① 소독 시간이 적당한 것
② 소독 대상물을 손상시키지 않는 소독약을 선택할 것
③ 인체에 무해하며 취급이 간편할 것
④ 소독약은 항상 청결하고 밝은 장소에 보관할 것

41 다음 미생물 중 크기가 가장 작은 것은?
① 세균
② 곰팡이
③ 리케차
④ 바이러스

42 일광 소독법은 햇빛 중의 어떤 영역에 의해 소독이 가능한가?
① 적외선
② 자외선
③ 가시광선
④ 우주선

43 고압 멸균기를 사용하여 소독하기에 적합하지 않은 것은?
① 유리 기구
② 금속 기구
③ 약제
④ 가죽 제품

44 소독약의 살균력 지표로 가장 많이 이용되는 것은?
① 알코올
② 크레졸
③ 석탄산
④ 포름알데히드

45 하천 오염이 심할수록 BOD는 어떻게 되는가?
① 수치가 낮아진다.
② 수치가 높아진다.
③ 아무런 영향이 없다.
④ 높아졌다 낮아졌다 반복한다.

46 열에 대한 저항력이 커서 자비 소독법으로 사멸되지 않는 균은?
① 콜레라균
② 결핵균
③ 살모넬라균
④ B형 간염 바이러스

47 이·미용사 면허증을 분실하였을 때 누구에게 재발급 신청을 하여야 하는가?
① 보건복지부 장관
② 시·도지사
③ 시장·군수·구청장
④ 협회장

48 공중위생 관리법에서 규정하고 있는 공중위생 영업의 종류에 해당되지 않는 것은?
① 이·미용업
② 건물위생관리업
③ 학원 영업
④ 세탁업

49 이·미용 업소 내 반드시 게시하여야 할 사항으로 옳은 것은?
① 요금표 및 준수 사항만 게시하면 된다.
② 이·미용업 신고증만 게시하면 된다.
③ 이·미용업 신고증 및 면허증 사본, 요금표를 게시하면 된다.
④ 이·미용업 신고증, 면허증 원본, 요금표를 게시하여야 한다.

50 신고를 하지 않고 영업소 명칭(상호)을 바꾼 경우에 대한 1차 위반 시의 행정처분은?
① 주의
② 경고 또는 개선 명령
③ 영업 정지 15일
④ 영업 정지 1월

51 화장의 의의로 맞지 않는 것은?
① 노화를 방지한다.
② 개성미를 연출시킨다.
③ 결점을 커버한다.
④ 피부의 질환적 요소를 커버한다.

52 화장품 원료 중 수성 원료가 아닌 것은?
① 호호바 오일
② 에탄올
③ 글리세린
④ 정제수

53 건성 피부에 적합하지 않은 화장품의 성분은?
① 살리실산
② 콜라겐
③ 히알루론산
④ 글리세린

54 우리나라 화장품법상 기능성 화장품에 해당하지 않는 것은?
① 미백 화장품
② 주름 개선 화장품
③ 여드름 화장품
④ 자외선 차단 화장품

55 AHA의 설명으로 틀린 것은?
① 피부 관리사는 AHA 농도를 15%만 사용해야 한다.
② 햇빛이 강한 계절은 안 하는 것이 좋다.
③ 잔주름에 효과를 볼 수 있다.
④ 재생 관리가 함께 들어가야 한다.

56 다음 정유(Essential oil) 중에서 살균, 소독 작용이 가장 강한 것은?
① 타임 오일(Thyme oil)
② 주니퍼 오일(Juniper oil)
③ 로즈메리 오일(Rosemary oil)
④ 클레어리 세이지 오일(Clary sage oil)

57 라놀린에 관한 설명 중 틀린 것은?
① 민감성 피부나 여드름 피부에 우수하다.
② 사람의 피지와 유사하다.
③ 양모에서 추출한 원료이다.
④ 왁스류에 속한다.

58 화장품 제조에서 사용되는 기술의 종류가 아닌 것은?
① 가용화 기술
② 유화 기술
③ 분산 기술
④ 산화 기술

59 계면 활성제에 대한 설명 중 틀린 것은?
① 계면 활성제의 구조를 보면 친수기만 가지고 있다.
② 계면 활성제 중 자극이 가장 적은 것은 비이온 계면 활성제이다.
③ 비이온 계면 활성제는 화장품에 주로 이용되는 계면 활성제이다.
④ 계면 활성제가 물에 용해될 경우 이온에 따라 음이온, 양이온, 양성이온으로 해리한다.

60 천연향의 추출 방법 중 주로 열대성 과실에서 향을 추출할 경우 사용하는 방법은?
① 수증기 증류법
② 압착법
③ 비휘발성 용매 추출법
④ 휘발성 용매 추출법

모의고사 2회 정답

01	④	02	④	03	②	04	②	05	③	06	①	07	③	08	④	09	②	10	②
11	④	12	③	13	②	14	③	15	④	16	④	17	④	18	②	19	③	20	①
21	③	22	①	23	④	24	②	25	②	26	③	27	②	28	③	29	②	30	③
31	①	32	②	33	①	34	②	35	③	36	②	37	③	38	①	39	③	40	④
41	④	42	②	43	④	44	③	45	②	46	④	47	③	48	③	49	④	50	②
51	④	52	①	53	①	54	③	55	①	56	①	57	①	58	④	59	①	60	②

03 | 적중 모의고사

3회 모의고사

01 분대 화장은 어떤 신분과 직업을 가진 여성들의 화장인가?
① 여염집 여성
② 천민
③ 귀부인들의 화장
④ 기생

02 백화점에서 신제품을 시연하는 메이크업 아티스트의 자세로 바르지 않은 것은?
① 분명하고 또렷한 목소리로 설명한다.
② 모델의 옆에 서서 고객들의 시야를 방해하지 않도록 한다.
③ 전문 용어를 많이 사용하여 전문가다운 면모를 과시한다.
④ 시연 제품의 장점을 이해하기 쉽게 설명한다.

03 20세기 초반에 대중 매체에 등장하는 스타들의 메이크업에 대한 설명으로 올바른 것은?
① 1920년대 : 가는 활모양 눈썹의 그레타 가르보
② 1930년대 : 창백한 얼굴에 짙은 눈 화장을 한 클라라 보우
③ 1940년대 : 각진 눈썹에 풍성한 속눈썹을 강조한 마릴린 먼로
④ 1950년대 : 가늘고 짧은 눈썹과 아이라이너로 눈꼬리를 올린 오드리 헵번

04 메이크업 도구의 세척 방법으로 알맞은 것은?
① 립 브러시 : 브러시 클리너 또는 클렌징 크림으로 세척한다.
② 라텍스 스펀지 : 뜨거운 물로 세척하고, 햇빛에 건조한다.
③ 아이섀도 브러시 : 클렌징 크림이나 클렌징 오일로 세척한다.
④ 팬 브러시 : 브러시 클리너로 세척 후 세워서 건조한다.

05 에스닉 메이크업에 대한 설명으로 바르지 않은 것은?
① 국가와 인종에 맞추어 피부 톤을 선택한다.
② 중국, 일본 등의 동양계 이미지는 피부 톤을 어두운 색으로 표현한다.
③ 인도나 중동의 경우 주황색 계열의 블러셔를 사용한다.
④ 중동의 경우 T존에 금빛 펄 파우더로 포인트를 주는 것도 효과적이다.

06 패션쇼 메이크업에 대한 설명으로 바르지 않은 것은?
① 의상 스타일에 따라 메이크업 패턴이 달라진다.
② 메이크업 아티스트의 주관적인 스타일이 가장 중요하다.
③ 헤어, 의상, 메이크업, 소품이 모두 조화롭게 표현되어야 한다.
④ 시간이 한정되어 있는 현장 메이크업이므로 신속한 동작과 집중력이 필요하다.

07 모발 화장품의 기능과 제품을 바르게 연결한 것은?
① 영양 기능 – 헤어 무스, 헤어 린스
② 세정 기능 – 헤어 샴푸, 헤어스프레이
③ 정발 기능 – 헤어스프레이, 헤어 무스
④ 양모 기능 – 헤어 토닉, 헤어크림

08 아이섀도 중 돌출되거나 넓어 보이려 바르는 컬러는?
① 하이라이트 컬러
② 포인트 컬러
③ 베이스 컬러
④ 언더 컬러

09 긴 형 얼굴을 보완하기 위한 눈썹 시술 방법으로 바른 것은?

① 직선적인 눈썹
② 올라간 눈썹
③ 화살형 눈썹
④ 아치형 눈썹

10 화려하고 활동적인 이미지를 연출하고자 할 때 어울리는 립 컬러 톤은?

① 파스텔 톤
② 페일 톤
③ 비비드 톤
④ 스트롱 톤

11 어떤 색이 주위색이나 배경색의 영향으로 다르게 느껴지는 현상은?

① 물체의 혼합
② 보색 비교
③ 대비 현상
④ 배색 효과

12 건강 모발의 pH 범위는?

① pH 3~4
② pH 4.5~5.5
③ pH 6.5~7.5
④ pH 8.5~9.5

13 다음 중 메이크업 도구의 사용 방법이 잘못된 것은?

① 면봉 – 눈 끝, 입술 라인, 아이라인 등 섬세한 수정이 필요할 때 사용
② 퍼프 – 메이크업 제품을 혼합할 때 사용
③ 아이브로 콤브러시 – 마스카라가 뭉치거나 눈썹이 엉켰을 때 사용
④ 아이래시컬러 – 속눈썹의 결을 만드는 데 사용

14 다음 중 땀샘의 역할이 아닌 것은?

① 땀 분비
② 체온 조절
③ 분비물 배출
④ 피지 분비

15 색소를 염료(Dye)와 안료(Pigment)로 구분할 때 그 특징에 대해 잘못 설명된 것은?

① 안료는 물과 오일에 모두 녹지 않는다.
② 무기 안료는 커버력이 우수하고 유기 안료는 빛, 산, 알칼리에 약하다.
③ 염료는 메이크업 화장품을 만드는 데 주로 사용된다.
④ 염료는 물이나 오일에 녹는다.

16 표피의 구조 순서로 알맞은 것은?

① 각질층, 기저층, 유극층, 투명층, 과립층
② 각질층, 과립층, 기저층, 유극층, 투명층
③ 각질층, 투명층, 과립층, 유극층, 기저층
④ 각질층, 유극층, 투명층, 과립층, 기저층

17 지성 피부의 화장품 적용 목적 및 효과로 가장 거리가 먼 것은?

① 피지 분비 및 정상화
② 모공 수축
③ 유연 회복
④ 항염·정화 기능

18 다음 중 인체의 생리적 조절 작용에 관여하는 영양소는?

① 단백질
② 비타민
③ 지방질
④ 탄수화물

19 다음 중 메이크업 화장품에 포함되지 않는 것은?

① 네일 에나멜
② 에센스
③ 마스카라
④ 리퀴드 파운데이션

20 파장이 가장 길고 인공 선탠 시 활용하는 광선은?

① UV-A
② UV-B
③ UV-C
④ γ-선

21 매니큐어(Manicure)를 바르는 순서로 옳은 것은?
① 네일 에나멜 → 베이스 코트 → 탑 코트
② 베이스 코트 → 네일 에나멜 → 탑 코트
③ 탑 코트 → 네일 에나멜 → 베이스 코트
④ 네일 표백제 → 네일 에나멜 → 베이스 코트

22 헤모글로빈을 구성하는 물질로 결핍 시 빈혈을 유발하는 영양소로 알맞은 것은?
① 요오드
② 철분
③ 비타민
④ 마그네슘

23 기능성 화장품에 대한 내용으로 틀린 것은?
① 피부의 미백에 도움을 주는 제품
② 피부를 검게 태우는 데 도움을 주는 제품
③ 자외선으로부터 피부를 보호하는 데 도움을 주는 제품
④ 피부의 주름 개선에 도움을 주는 제품

24 눈썹을 없애는 분장을 할 때 가장 먼저 해야 하는 작업은?
① 실러로 코팅하는 작업
② 왁스나 플라스트로 메우는 작업
③ 스프리트 검을 붙이는 작업
④ 라텍스를 붙이는 작업

25 보습제로 바람직한 조건이 아닌 것은?
① 흡습력이 지속되어야 한다.
② 고휘발성이어야 한다.
③ 흡습력이 다른 환경 조건의 영향을 쉽게 받지 않아야 한다.
④ 다른 성분과 공존성이 좋아야 한다.

26 전염성이 강하며 주로 2~10세 소아에게 많이 발생하는 피부 질환은?
① 절종   ② 수두
③ 단순 포진   ④ 농가진

27 콜레라 예방 접종은 어떤 면역 방법인가?
① 인공 수동 면역
② 인공 능동 면역
③ 자연 수동 면역
④ 자연 능동 면역

28 세계보건기구(WHO)에서 규정된 건강의 정의를 가장 적절하게 표현한 것은?
① 육체적으로 완전히 양호한 상태
② 정신적으로 완전히 양호한 상태
③ 질병이 없고 허약하지 않은 상태
④ 육체적, 정신적, 사회적 안녕이 완전한 상태

29 피부 표피층 중에서 가장 두꺼운 층으로 세포 표면에는 가시 모양의 돌기를 가지고 있는 것은?
① 유극층   ② 과립층
③ 각질층   ④ 기저층

30 다음 중 이·미용실에서 사용하는 수건을 철저하게 소독하지 않았을 때 주로 발생할 수 있는 감염병은?
① 장티푸스   ② 트라코마
③ 페스트   ④ 일본 뇌염

31 미생물의 성장과 사멸에 주로 영향을 미치는 요소로 가장 거리가 먼 것은?
① 영양   ② 빛
③ 온도   ④ 호르몬

32 다음 중 객담이 묻은 휴지의 소독 방법으로 가장 알맞은 것은?

① 고압 멸균법
② 소각 소독법
③ 자비 소독법
④ 저온 소독법

33 다음 중 소독의 정의를 가장 잘 표현한 것은?

① 미생물의 발육과 생활을 제지 또는 정지시켜 부패 또는 발효를 방지하는 조작
② 병원성 미생물의 생활력을 파괴 또는 멸살시켜 감염 또는 증식력을 없애는 조작
③ 모든 미생물의 생활력을 멸살 또는 파괴시키는 조작
④ 오염된 미생물을 깨끗이 씻어 내는 작업

34 이·미용 업소에서 일반적 상황에서의 수건 소독법으로 가장 적합한 것은?

① 석탄산 소독
② 크레졸 소독
③ 자비 소독
④ 적외선 소독

35 다음 중 화학적 살균법이라고 할 수 없는 것은?

① 자외선 살균법
② 알코올 살균법
③ 염소 살균법
④ 과산화수소 살균법

36 다음 중 공중위생 영업을 하고자 할 때 필요한 것은?

① 허가
② 통보
③ 인가
④ 신고

37 공중위생 영업자가 준수하여야 할 위생 관리 기준은 다음 중 어느 것으로 정하고 있는가?

① 대통령령
② 국무총리령
③ 노동부령
④ 보건복지부령

38 다음 중 이·미용업 영업자가 변경 신고를 해야 하는 것을 모두 고른 것은?

> ㄱ. 영업소의 소재지
> ㄴ. 영업소 바닥의 면적의 3분의 1 이상의 증감
> ㄷ. 종사자의 변동 사항
> ㄹ. 영업자의 재산 변동 사항

① ㄱ
② ㄱ, ㄴ
③ ㄱ, ㄴ, ㄷ
④ ㄱ, ㄴ, ㄷ, ㄹ

39 영업소 외에서의 이용 및 미용 업무를 할 수 없는 경우는?

① 관할 소재 동 지역 내에서 주민에게 이·미용을 하는 경우
② 질병, 기타의 사유로 인하여 영업소에 나올 수 없는 자에 대하여 미용을 하는 경우
③ 혼례나 기타 의식에 참여하는 자에 대하여 그 의식의 직전에 미용을 하는 경우
④ 특별한 사정이 있다고 인정하여 시장·군수·구청장이 인정하는 경우

40 시장·군수·구청장이 영업 정지가 이용자에게 심한 불편을 주거나 그 밖에 공익을 해할 우려가 있는 경우에 영업 정지 처분에 갈음한 과징금을 부과할 수 있는 금액 기준은?

① 1천만 원 이하
② 2천만 원 이하
③ 1억 원 이하
④ 2억 원 이하

41 이용사 또는 미용사의 면허를 받지 아니한 자 중 이용사 또는 미용사 업무에 종사할 수 있는 자는?

① 이·미용 업무에 숙달된 자로 이·미용사 자격증이 없는 자
② 이·미용사로서 업무 정지 처분 중에 있는 자
③ 이·미용 업소에서 이·미용사의 감독을 받아 이·미용 업무를 보조하고 있는 자
④ 학원 설립·운영에 관한 법률에 의하여 설립된 학원에서 3월 이상 이용 또는 미용에 관한 강습을 받은 자

42 이용 또는 미용의 면허가 취소된 후 계속하여 영업을 행한 자에 대한 벌칙사항은?

① 6월 이하의 징역 또는 300만 원 이하의 벌금
② 500만 원 이하의 벌금
③ 300만 원 이하의 벌금
④ 200만 원 이하의 벌금

43 영업소 출입 검사 관련 공무원이 영업자에게 제시해야 하는 것은?

① 주민등록증
② 위생 검사 통지서
③ 위생 감시 공무원증
④ 위생 검사 기록부

44 위생 교육에 관한 기록을 보관해야 하는 기간은?

① 6개월 이상   ② 1년 이상
③ 2년 이상   ④ 3년 이상

45 이용사 또는 미용사 면허를 받을 수 없는 자는?

① 간질 병자
② 당뇨병 환자
③ 비활동성 B형 간염자
④ 비전염성 피부 질환자

46 방역용 석탄산수의 알맞은 사용 농도는?

① 1%   ② 3%
③ 5%   ④ 70%

47 이·미용실에 사용하는 타월은 어떤 소독법이 가장 좋은가?

① 포르말린 소독
② 석탄산 소독
③ 건열 소독
④ 증기 또는 자비 소독

48 공중위생 영업의 신고에 필요한 제출 서류가 아닌 것은?

① 영업 시설 개요서
② 위생교육수료증
③ 영업 설비 개요서
④ 재산세 납부 영수증

49 영업 정지에 갈음한 과징금 부과의 기준이 되는 매출 금액은 처분 전년도의 몇 년간의 총 매출 금액을 기준으로 하는가?

① 1년   ② 2년
③ 3년   ④ 4년

50 이·미용 업소에서 실내조명은 몇 럭스 이상이어야 하는가?

① 75럭스
② 100럭스
③ 150럭스
④ 200럭스

51 세안용 화장품의 구비 조건으로 부적당한 것은?

① 안정성 – 물이 묻거나 건조해지면 형과 질이 잘 변해야 한다.
② 용해성 – 냉수나 온수에 잘 풀려야 한다.
③ 기포성 – 거품이 잘 나고 세정력이 있어야 한다.
④ 자극성 – 피부를 자극시키지 않고 쾌적한 방향이 있어야 한다.

52 화장품 원료 중 왁스류에 대한 설명으로 틀린 것은?

① 왁스류는 식물성 왁스류 뿐이다.
② 왁스류는 유액 제품의 점성을 높이거나 스틱 제품에 많이 사용된다.
③ 라놀린도 왁스류에 포함된다.
④ 융점이 가장 높은 왁스는 카르나우바 왁스이다.

53 시트러스(감귤류) 에센셜 오일이 아닌 것은?

① 오렌지
② 재스민
③ 베르가모트
④ 레몬

54 바니싱 크림의 주성분은?

① 스쿠알렌
② 오일
③ DNA
④ 스테아린산

55 콜라겐 제품은 화장품에 사용할 경우 피부에 어떤 작용을 하는가?

① 주름을 없앤다.
② 영양을 공급한다.
③ 방부제 역할을 한다.
④ 수분을 유지시킨다.

56 캐리어 오일에 대한 설명 중 틀린 것은?

① 베이스 오일이라 한다.
② 에센셜 오일을 희석하는 데 사용한다.
③ 에센셜 오일을 피부에 효과적으로 침투시키기 위해 사용한다.
④ 안전성이 우수하며 공기 중에 오래 노출시켜도 산패가 되지 않는다.

57 제형별 로션에 대한 설명 중 틀린 것은?

① O/W형 제품은 가볍고 산뜻한 사용감을 준다.
② W/O형 제품은 보습 효과가 우수하다.
③ W/O형 제품은 산뜻한 사용감과 보습 효과가 우수하다.
④ W/S형 제품은 유분감이 많고 무거운 사용을 준다.

58 화장품의 정의를 잘못 설명한 것은?

① 우리나라 화장품의 정의는 인체를 청결 또는 미화하기 위한 것이다.
② 인체에 대한 작용이 경미한 것을 말한다.
③ 화장품의 정의는 나라별로 다르다.
④ 우리나라는 기능성 화장품을 법으로 정하지 않았다.

59 색채의 명암 조절 및 커버력을 높이는 착색 안료에 사용되는 색소는?

① 탤크
② 레이크
③ 카올린
④ 마이카

60 유성 원료에 대해 잘못 설명한 것은?

① 유성 원료는 피부에 인공 피지막을 형성하는 데 중요한 역할을 한다.
② 유성 원료 중 고체 상태인 것을 왁스라고 한다.
③ 유성 원료 중 액체 상태인 것을 오일이라고 한다.
④ 유성 원료 중 석유에서 추출되는 광물성 오일 중의 하나가 실리콘 오일이다.

모의고사 3회 정답

01	④	02	③	03	④	04	①	05	②	06	②	07	③	08	①	09	①	10	③
11	③	12	②	13	②	14	④	15	③	16	③	17	③	18	②	19	②	20	①
21	②	22	②	23	②	24	③	25	②	26	②	27	②	28	④	29	①	30	②
31	④	32	②	33	②	34	③	35	①	36	④	37	④	38	②	39	①	40	③
41	③	42	③	43	③	44	③	45	①	46	②	47	④	48	④	49	①	50	①
51	①	52	①	53	②	54	④	55	④	56	④	57	④	58	④	59	②	60	④